Kleine
Wasserkraft-Elektrizitätswerke,
besonders deren selbsttätige Regulierungsarten.

Von Ing. C. Reindl, Landshut.

Sonderabdruck aus „Zeitschrift für das gesamte Turbinenwesen", 1911, Heft 10—24.
Verlag von R. Oldenbourg in München und Berlin.

Druck von R. Oldenbourg in München.

Inhaltsübersicht.

Sonderabdruck aus
„Zeitschrift für das gesamte Turbinenwesen" 1911, Heft 10, 12, 13, 15, 17, 18, 19, 20, 21, 22, 23 u. 24.
Verlag von R. Oldenbourg, München und Berlin.

Kleine Wasserkraft-Elektrizitätswerke,
besonders deren selbsttätige Regulierungsarten.

Von Ing. C. Reindl, Landshut.

Während in den größeren, besonders den öffentlichen Gewässern, eine weitgehende Zentralisierung der Krafterzeugung in Großanlagen eingetreten ist, und das oft mit vollem Recht, fordert anderseits das stets steigende Bedürfnis nach Elektrizität mehr und mehr auch zur Heranziehung der unzähligen kleinen und kleinsten Wasserläufe, hauptsächlich in den damit reich gesegneten Gebirgsländern, heraus; sei es für rein private Zwecke zur Versorgung größerer Anwesen, Anstalten, oder für engere Interessengemeinschaften, einzelne Orte oder Gemeinden.

Die Vorteile, welche ein bequemer und billiger Bezug elektrischer Energie in jeder Hinsicht bietet, brauchen nicht erst erörtert zu werden, und hierin bedeuten die kleinen Anlagen, die meist den Vorzug billigster Ausbaumöglichkeit wegen der günstigen hydrographischen Verhältnisse[1]) besitzen oder im Nebenbetrieb von größeren privaten oder kommunalen Anstalten, Mühlen, Sägen u. dgl. geführt werden, einen nicht zu unterschätzenden Faktor für die Leistungsfähigkeit und den Wohlstand auch der kleineren Bevölkerung und der kleineren Gewerbetreibenden. Gerade in den Kleinanlagen mit ihren, bei richtiger Ausführung äußerst geringen Betriebsauslagen ist verhältnismäßig die ausgedehnteste Verwertung von Motoren für kleingewerbliche und landwirtschaftliche Zwecke und Heizkörpern aller Art zu finden.

Um solche niedrige[2]) Selbstkosten des Stromes zu ermöglichen, die vielfach noch unter den tarifmäßigen Strompreisen der größeren Werke bleiben (besonders für Motoren und Heizkörper mit geringer Benutzungsdauer, gegenüber den Pauschaltarifen), sind neben geringen Anlagekosten[3]) in erster Linie geringste Auslagen für Instandhaltung und Bedienung die Haupterfordernisse, derart, daß die Betriebskosten möglichst nur aus Verzinsung und Tilgung des Anlagekapitals bestehen. Letz-

teres ist das Kriterium der „u n b e d i e n t e n A n - l a g e n": eine derart einfache, zuverlässige und automatisch wirkende Einrichtung, daß entweder g a r k e i n e Bedienung nötig ist, die ganze manuelle Tätigkeit sich also auf Anlassen und Abstellen und gelegentliches Nachsehen der Schmierung oder Reinigen des Kollektors durch eine hierauf „dressierte" Person beschränkt, oder — bei größeren Anlagen — keine s t ä n - d i g e geschulte Bedienung vorhanden ist. Bei Wechselstromanlagen mit Hochspannungsbetrieb z. B. kann eine mit der Elektrotechnik etwas näher vertraute Person doch nicht gut entbehrt werden; deshalb fällt die Anlage aber noch nicht aus dem Bereich der unbedienten Betriebe, wenn noch keine ständige Aufsicht vorhanden ist.

Dazu muß die Wahl der Einrichtung so getroffen sein, daß Reparaturen und Instandhaltungsarbeiten, die Fachkenntnis erfordern, nur in seltenen Fällen vorzunehmen sind, wie etwa Auseinanderbau einzelner Teile u. dgl.

Ein großer Vorzug in dieser Richtung liegt an sich schon in der Wasserturbine, im Vergleich zu anderen Antriebsmotoren; sogar zu den vielfach erstellten unbedienten Anlagen mit Explosionsmotoren, besonders Benzinmotoren, die allerdings nur für kleine Leistungen in Frage kommen. Wenn auch die Ausbildung der Schalteinrichtung, die alle Manipulationen zum Anlassen, Laden der Batterie und Abstellen zwangläufig durch den gleichen Handgriff ausführen läßt, zu höchster Vollkommenheit gediehen ist, so ist doch nicht zu verkennen, daß ein schnellaufender Explosionsmotor mit seinen Steuerungsteilen, Zündung usw. unvergleichlich mehr Störungsmöglichkeiten in sich enthält als eine Turbine, vor welchen dann die Kenntnisse der „ungeschulten Bedienung" haltmachen, und daß das Wohlergehen einer Akkumulatorenbatterie von ihrer Wartung nicht unabhängig ist. Das sind aber Umstände, welche die Erzeugungskosten recht unangenehm und wider alle Kostenvoranschläge beeinflussen können.

So vielfach die Zahl der Vorbilder und Erfahrungen an bewährten Großanlagen in der Literatur ist, so wenig — sozusagen von oben herab betrachtet — findet man über Kleinanlagen und die zur Erreichung der genannten Bedingungen vorhandenen Mittel und Wege.

---

[1]) Es sei bemerkt, daß hier vorwiegend von den Verhältnissen in Gebirgsgegenden die Rede ist, denn dort findet sich die weitaus überwiegende Zahl von kleinen ausbauwürdigen Wasserkräften.

[2]) Als vielleicht niedrigster Krafttarif dürfte der Preis von Kr. 20.— pro PS und Jahr des Werkes Malserheide gelten (Witz, Z. d. Österr. Ing.- u. Arch.-V. 1906).

[3]) Oftmals dient z. B. die Turbinenleitung gleichzeitig für Nutz- oder Trinkwasser oder Feuerlöscheinrichtungen, oder es ist eine an sich für andere Zwecke nötige Maschinenanlage nur zur elektrischen Anlage zu ergänzen, so daß ein bestimmter Teil der Anlagekosten nicht auf das Konto „Elektrizitätswerk" fällt.

Im folgenden soll nun versucht werden, dieses Gebiet etwas näher im Zusammenhang darzustellen. Demgemäß ist zunächst die Fassung und Zuleitung des Betriebswassers kurz zu streifen, bei letzterem besonders der gerade bei kleineren Rohrdimensionen und oft bedeutenden Längen jetzt wichtige Wettbewerb zwischen Guß- und Stahl-Muffenrohren. Nächst der Maschinenanlage, die möglichst einfach und billig ausfallen soll, tritt dann als hauptsächlichster Punkt, besonders für „unbediente Anlagen", die automatische Regulierung auf. Sie muß unter Ausschaltung womöglich jeder Nachhilfe von Hand eine bestimmte Generatorspannung einhalten, die entweder konstant bleiben oder zur Deckung des mit der Belastung wachsenden Spannungsabfalles in einer längeren Fernleitung zunehmen soll, so daß die Spannung am Verbrauchsort konstant bleibt. Ein Konstanthalten der Tourenzahl der Antriebsturbine ist im allgemeinen nicht hierin eingeschlossen und bildet eine spezielle Forderung bei Wechselstrombetrieben. Das gebräuchlichste Mittel ist allerdings Regelung der Turbine auf gleichbleibende Drehzahl und separate Regelung der Dynamo auf die gewünschte Spannung, es läßt sich aber auch Turbine und Dynamo gemeinsam auf gleichbleibende Spannung und Drehzahl mit nur einem Apparat regeln, oder es läßt sich konstante Spannung durch Beeinflussung nur der Turbine oder nur der Dynamo allein erzielen; letztere beiden Fälle lassen die Drehzahl unbeeinflußt und nicht konstant, sind also nur für Gleichstromerzeugung anzuwenden. Zunächst sollen alle auf die Turbine einwirkenden Regelungsarten, also die ersteren drei Gruppen, besprochen werden und im Anschluß daran auch einige interessante Turbinenanlagen gezeigt werden; die auf die Generatoren wirkenden Regulierungsarten und einige besondere Ausführungen des elektrischen Teiles von unbedienten Anlagen sollen sich anschließen.

Über Turbinenregler einerseits und elektrische Reguliervorrichtungen anderseits liegen ja in der Fachliteratur beider Gebiete vorzügliche Spezialwerke vor; des Verfassers Ziel war es hier, ein geschlossenes Bild über die Regulierungsfrage den Spezialisten beider Gebiete vorzuführen zu versuchen und zu zeigen, was sie auch von der anderen Seite erwarten und wie sie gegebenen Falles mit ihr zusammen eine Vereinfachung schaffen können.

Hierzu hat der Verfasser allseits die zuvorkommendste Unterstützung gefunden durch Überlassung von Zeichnungen und Informationen in weitestem Umfang. Eine Aufzählung der Firmen, die jeweils in der Arbeit an betr. Stelle genannt sind, mag hier unterbleiben; ebenso wie ihnen sei auch Herrn Oberingenieur Siegmund in Prag für das überlassene interessante Material und Herrn Professor Dr. Teichmüller in Karlsruhe für die Genehmigung, eine Anlage aus dem Lehrgang der Schaltungsschemata zu entnehmen, wie auch dem Verlag für sein Entgegenkommen, der beste Dank ausgesprochen.

I. Fassung und Zuleitung des Wassers.

Die Fassung des Betriebswassers findet besonders bei Hochgefällen und den damit zusammenhängenden geringen Wassermengen und günstigen örtlichen Verhältnissen bei kleineren Anlagen meist sehr große Schwierigkeiten. Nicht selten bietet sich die Gelegenheit, den Wasserlauf an der Quelle selbst fassen zu können, wobei die Leitung dann gleichzeitig auch für Trinkwasser zu brauchen ist. Ein eigentliches Einlaufbauwerk mit Rechen und Schützen erübrigt sich dann; der Entwurf eines solchen einfachen Einlaufes ist in

Fig. 1 dargestellt. Holz ist für solche Zwecke ein sehr empfehlenswerter Baustoff; bei genügender Haltbarkeit (Lärchenholz) sichert er leichten Bau durch die in derartigen Bauten meist sehr geschickten einheimischen Arbeitskräfte und ev. leichte Reparaturen. Dem Kasten, der einer Quelle direkt vorgesetzt ist, wird durch kurze Flügelmauern aus Beton das Wasser zugeführt, statt eines hier nötigen Rechens ist ein engmaschiges Sieb angebracht, welches von dem auf allen Seiten überströmenden Wasser selbst von allenfallsigem Laub und

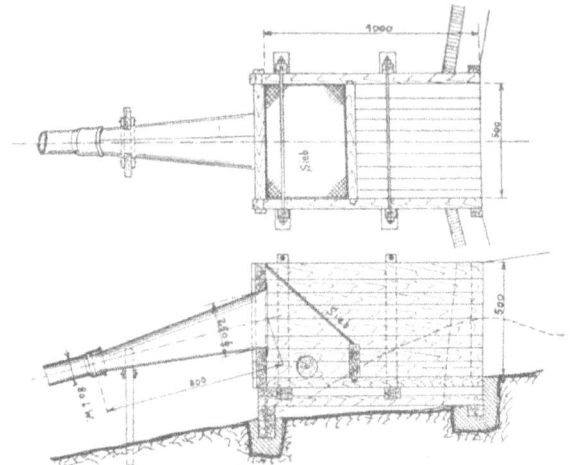

Fig. 1. Kleine Quellenfassung (für rd. 6 l/sek.)

Nadeln gereinigt wird. Als Leerlauf und zum gelegentlichen Spülen ist nur ein mit Holzpfropfen verschlossenes Loch an der Sohle vorgesehen. Der große Konus am Rohreinlauf war wegen des früher sehr störenden Einsaugens von Luft in die Leitung gewählt. Gerade bei hohen Wassergeschwindigkeiten ist sehr darauf zu achten, daß die Geschwindigkeitshöhe $(1 + \zeta) \frac{c^2}{2g}$

$= (1 + \zeta) \frac{Q^2}{f^2 2g}$ [4] kleiner bleibt als die über der Rohrmündung stehende Wasserhöhe. Fehler in dieser Hinsicht verursachen neben geräuschvollem, schnarrendem Lauf der Turbine auch stete Vibrationen in der Tourenzahl und plötzliches Abfallen der Leistung von einer bestimmten Belastung, bzw. der genannten kritischen Wassergeschwindigkeit an; die Schuld wird dann wohl zunächst in der Turbine gesucht. Wenn möglich, verdient eine solche Quellenfassung — sogar mit Hilfe eines Stollens — den Vorzug im Betriebe, selbst wenn eine Verlängerung der Rohrleitung eintritt; alle Unzuträglichkeiten durch Trübung des Wassers infolge von Witterungseinflüssen bleiben dadurch ferngehalten. Klärbecken u. dgl. müssen eben wegen der Platz- und Kostenfrage meist zu klein gehalten werden, so daß sie nur einen mangelhaften Schutz bieten. Die Ausführung der Wasserbauten wird sich übrigens stets nach den verschiedenen besonderen Verhältnissen, nach der üblichen Bauweise und ähnlichen örtlichen Rücksichten richten, so daß Allgemeines nicht aufgestellt werden kann. Nur eine auch ins kleine übertragbare hübsche Einrichtung zur selbsttätigen Reinigung des Feinrechens, wie sie Verfasser am (auch sonst interessanten) Wasserfang der Papierfabrik Wattens fand, sei noch skizziert. (Fig. 2.) Das obere Ende des Feinrechens a bildet einen Überfall in die Rinne b, die durch Kanal c entwässert wird. Das den Grobrechen noch passierende Laub und

---

[4] f = Rohrquerschnitt; ζ = Koeffizient des Eintrittsverlustes, bei schlechten Einlaufformen bis zu 0,50.

Schwemmsel wird durch die starke Strömung in Richtung der Pfeile mitgenommen und der Rechen stets frei gehalten. Für Gebirgsbäche, die schweres Geschiebe führen, empfehlen Rüsch-Ganahl seit langem horizontal liegende Grundrechen aus Winkeleisen, die sich gleichfalls selbst frei halten.

Der R o h r l e i t u n g ist in kleineren Anlagen besondere Aufmerksamkeit aus dem Grunde zuzuwenden, weil sie wegen ihrer oft bedeutenden Länge die Kosten der gesamten übrigen Einrichtungen kleinerer Anlagen nicht selten wesentlich übertrifft und ein Fehler kaum wieder gut zu machen ist.

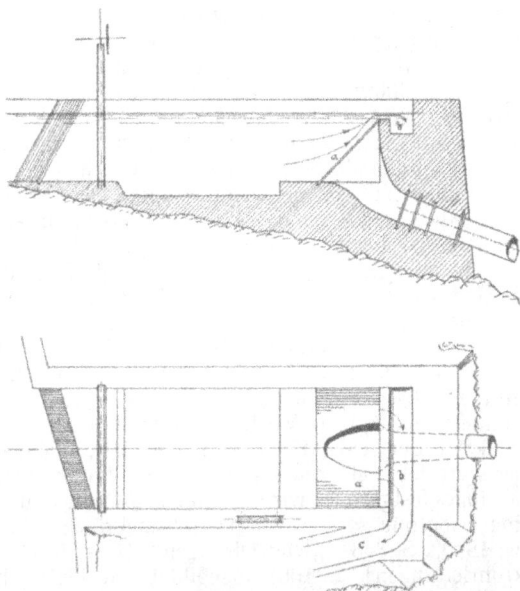

Fig. 2. Einlauf mit selbsttätiger Rechenreinigung.

Im allgemeinen wird man die Wassergeschwindigkeit nicht gering wählen mit Rücksicht auf die Kosten und weil meist ein Gefällsverlust weniger ins Gewicht fällt; besonders die Verwendung einer Brems- oder Ablenkerregulierung mit konstantem Wasserdurchfluß ist hierfür günstig.

Die Systemfrage, ob Muffen- oder Flanschenrohr zur Verwendung kommen soll, ist bei den Anlagen der betrachteten Art stets zugunsten der M u f f e n r o h r e zu entscheiden. Sie gestatten eine gewisse Freiheit und Ungenauigkeit, also Billigkeit in der Trassierung und erfordern keine so gewissenhafte Montage, da sie eine bequeme Beweglichkeit in den Muffen besitzen und Paßstücke erübrigen. Allmähliche Neigungs- und Richtungswechsel lassen sich vielfach ohne Formstücke ausführen, und auch die fertig verlegten Leitungen besitzen noch eine besonders bei Änderungen u. dgl. angenehme Schmiegsamkeit, wenn die Bleivergüsse hernach nochmals nachgestemmt werden. Eine 80 mm - Muffenleitung z. B. konnte nach Freilegung auf rd. 25 m Länge seitlich um etwa 1 m verzogen werden, ohne Schaden zu nehmen. Auch Ausdehnungsvorrichtungen lassen sich bei Muffenleitungen entbehren, da die Muffen selbst als solche wirken.

Die engere Wahl ist nunmehr auf Guß- und Stahl-, bzw. Schmiedeeisen-Muffenrohre beschränkt. Gußrohre waren für Drücke bis 10 Atm. und kleinere bis mittlere Durchmesser sozusagen das übliche Material; selbst mit normalen glatten Muffen halten sie ganz erhebliche Druckstöße aus. An einer solchen Leitung (deren Verlegung durch ungeübte Arbeiter erfolgt war) konnten

Druckstöße bis zu rd. 20 Atm.[5]) beobachtet werden, ohne daß eine Muffe der 700 m langen Leitung undicht geworden wäre.

Für erheblich höhere Betriebsdrücke als 10 Atm. erhalten die verstärkten Gußrohre bald ganz unhandliche Gewichte, besonders wenn schwierige Transportverhältnisse, wie sehr oft an Gebirgswässern, vorliegen.

Trotz der sorgfältigen Ausbildung, welche man den Spezialmuffen für hohe Drücke hat angedeihen lassen (vgl. z. B. Koehn, Ausbau der Wasserkräfte, S. 915 und Taf. 58), und welche auch in jeder Beziehung genügte, ist dies mit ein Hauptgrund für die Einführung der ver-

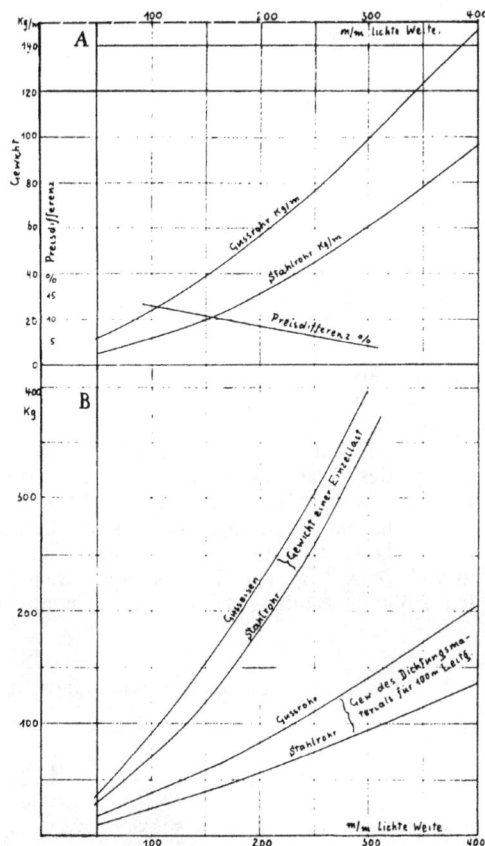

Fig. 3. Vergleich zwischen Guß- und Stahlmuffenrohren.
Kurven A: Gewichte f. d. lfd. m Rohrlänge una Preisdifferenz fertiger Leitungen zugunsten der Stahlrohre.
Kurve B: Gewichte der Einzellasten und des Dichtungsmateriales für 100 m Leitungslänge.

schiedenen nahtlosen oder bei größeren Durchmessern geschweißten S t a h l - u. S c h m i e d e e i s e n - M u f - f e n r o h r e.

Was allein die Gewichtsersparnis ausmacht, zeigt in Fig. 3 A die Gegenüberstellung der Gewichte f. d. laufenden Meter Leitungslänge (ohne Dichtungsmaterial) von normalen Guß- und Blechrohren (wie die Schmiedeeisen- und Stahlrohre zusammenfassend manchmal genannt werden). Letztere sind Mittelwerte aus den Angaben der Hahnschen Werke A.-G., Thyssen & Co., Mülheim, und der Mannesmannrohre (letztere nach Uhlands Kalender). Die Kurvenwerte sind stellenweise unerheblich gegen die wahren Werte auf- oder abgerundet, sie würden sonst wegen der Abstufung der Wandstärken Sprünge zeigen; die Röhren verschiedener Herkunft weichen wenig im Gewicht voneinander ab.

Dazu ist noch zu bedenken, daß die Schmiedeisen- und Stahlrohre, je nach Material, für bedeutend höhere Betriebsdrücke verwendbar sind als die normalen Gußrohre (10 Atm.); bei den listenmäßigen Wandstärken von rund der Hälfte der Gußrohre in den größeren Durchmessern sind sie noch für etwa 25 Atm., also mehr als das Doppelte der Gußrohre, zulässig.

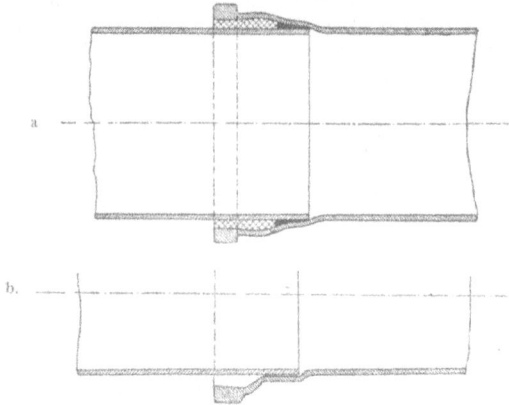

Fig. 4. Hochdruckmuffen der Hahn'schen Werke A.-G.

Mehr noch als die Frachtersparnis durch das trotz höheren Betriebsdruckes um rd. 110% (bei 100 mm Durchm.) bis 50% (bei 400 mm Durchm.) geringere Gewicht des Rohrmaterials kann in vielen Fällen die Erleichterung des Transportes zur Verwendungsstelle ausmachen, der in schwierigen Örtlichkeiten oft in Ladungen von nur einigen hundert Kilogramm bewältigt werden muß. Dazu tritt noch die Ersparnis an Dichtungsmaterial (Fig. 3 B) von 70 bis 50% wegen der wesentlich größeren Baulängen von 5 bis 7 m und pro-

rohre ein. Die angegebene Kurve ist zufolge der Preisschwankungen als ungefährer Mittelwert aufzufassen, sie gilt für fertig verlegte Leitungen mit A u s s c h l u ß v o n B a h n f r a c h t , die nochmals zugunsten der Stahlrohre die Kurve verschieben würde.

Die Rohre der Hahnschen Werke A.-G., Berlin, werden in Durchmessern bis zu 100 mm nahtlos, darüber im Walzverfahren überlappt geschweißt aus bestem S. M.-Flußstahl eigener Produktion hergestellt und sind bei 400 mm l. W. noch für rd. 25 Atm. Betriebsdruck bei normaler Wandstärke verwendbar. Das verhältnismäßig weiche Material bietet neben geringerer Rostgefahr noch den Vorteil, sich an der Baustelle leicht bearbeiten zu lassen. Die Schweißnaht ist, wie das Aufreißen von Rohren im vollen Blech bei Druckproben zeigt, ebenso wie die Verbindungsstelle zweier Stücke zu einer Doppellänge, völlig unbedenklich.

Zwei Hochdruckmuffen der Hahnschen Werke zeigt Fig. 4; Muffe b ist besonders für sehr hohe Drücke geeignet. Das Spitzende des Rohres wird durch Schlagen mit einem Holzhammer in den zylindrischen Teil der nächsten Muffe etwas eingetrieben und dadurch auch eine metallische Dichtung erzielt. Gegenüber komplizierten Innenprofilen, wie bei manchen Spezialmuffen von Gußleitungen, ist hier ein sicheres Vergießen und Verstemmen gewährleistet bei größter Widerstandsfähigkeit der Dichtung. Eine derartige Muffenverbindung eines 225 mm-Rohres wurde z. B. erst bei 136 Atm. undicht, während zu ihrer Zerstörung 200 Atm. nötig waren. Eine andere bewegliche Muffenverbindung der Firma, Konstruktion der A.-G. Ferrum in Zawodzie, O.-S., bei welcher statt des Bleigusses nur ein Hanfstrick mittels Klemmringes festgezogen wird — die Ausführung erinnert an eine Stopfbüchse —, ist bereits mehrfach (Z.f. g. Turbw. 1910, S. 348, „Rohrleitungen" [Ges. f. Hochdruckrohrleitungen], S. 106) abgebildet; sie besitzt besonders den Vorzug großer Beweglichkeit.[6])

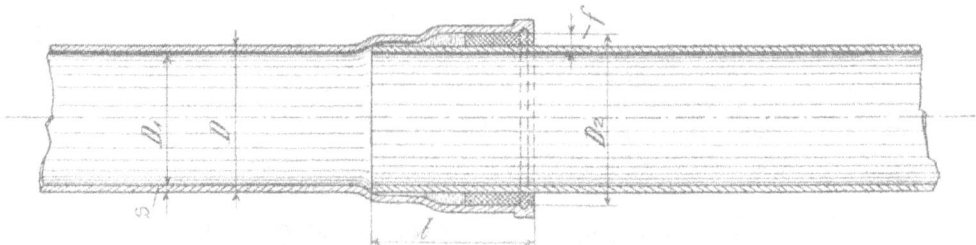

Fig. 5. Hochdruckmuffe mit Innenrille (Gebr. Thyssen, Mühlheim).

portional damit Einsparung der Arbeitskosten für die Dichtung. Trotz dieser vergrößerten Längen ist aber immer noch eine erhebliche Verringerung der Einzellasten, d. h. des Gewichtes eines Rohrstückes, vorhanden (20 bis 15%), die beim Einbau der Rohre sehr erwünscht wegen ihrer größeren Handlichkeit sein kann. Bei Anwendung von Doppellängen (10 bis 14 m) sinken die Dichtungsarbeiten und damit auch die schwachen Stellen der Leitung nochmals auf die Hälfte, dagegen sind die Einzellasten dann wieder schwerer als bei Gußrohren und vor allem wegen ihrer Länge etwas sperrig, so daß deren Verwendung in schwierigem Gelände wenigstens zu überlegen ist. Der verhältnismäßig geringe Materialaufwand für die Rohre, die Verringerung der Transport- und Verlegungskosten bringt es mit sich, daß derartige betriebsfertig hergestellte Leitungen (vgl. Fig. 3 A) bei kleineren Rohrweiten nicht unerheblich billiger zu stehen kommen als Gußleitungen. Für Weiten etwa um 400 bis 500 mm kann die Preisdifferenz verschwinden, bei weiteren Rohren tritt sie wieder zugunsten der Stahl-

Die zu den Röhren gehörigen Formstücke in allen bei Gußröhren üblichen Fassons werden gleichfalls aus weichem Flußstahl hergestellt.

Die Röhren von Thyssen & Co., Mülheim a. d. R., aus Schmiedeeisen oder Stahl gewalzt und bei größeren Durchmessern (über 125 mm) überlappt geschweißt, besitzen konische Muffen nach Fig. 5 mit Innenrille, die hydraulisch aus dem Rohr herausgepreßt wird und gleichfalls eine wirksame Verstärkung des Muffenendes bietet. Alle Formstücke werden in denselben Materialien wie die Röhren geliefert.

Nach dem Überblick über einige gangbare Konstruktionen dieser Röhren, die sich rasch eingeführt haben, bleibt noch ein besonderer Vorzug vor den Gußröhren zu erwähnen: ihre jenen gegenüber verschwindende Bruchgefahr.

6) Diese Verbindung ist nach Z. d. V. D. I. 1910, S. 960 bereits bei 1750 mm Durchm. unter 26 Atm. Druck (Anlage Bodio, Schweiz) im Betrieb. Ausdehnungsstücke werden hierbei nicht verwendet.

Schon beim Leitungsbau ist in gebirgigen Örtlichkeiten kein geringer Zuschlag für Bruch auf dem oft schwierigen Transport zu machen; bei der Anlage Nordhausen i. Harz z. B. gibt Mattern[7]) 6% Bruch vom Bahnhof bis zur Einbaustelle an. Diese Zahl kann unter ungünstigen Verhältnissen leicht noch übertroffen werden. Besonders gefährlich werden kleine, nicht bemerkbare Haarrisse am Schwanzende oder am Ansatz der Muffe, die dann erst im Betrieb bei Druckstößen u. dgl. zum Bruche führen.

Beim Stahl- und Schmiedeisenrohr dagegen sind kaum mehr als leichte Einbeulungen, die nichts weiter schaden, zu befürchten.

Das gleiche Moment gilt für die fertig verlegte Leitung. Die Rohrtrasse kleinerer Anlagen wird aus Ersparnisgründen meist so einfach als möglich ausgeführt, die Leitung, wo angängig, nur in den Boden gelegt. Gräben und felsige Steilhänge werden auf Holzkonstruktionen[8]) überschritten, auf welchen die Leitung ruht, oder besser, unter welchen sie aufgehängt ist, um gleichzeitig einen Schutz gegen Steinschlag u. dgl. zu haben. Geringe Erdbewegungen oder die Wirkung großen Schneedruckes auf solche Brücken, die deren Durchbiegung veranlaßt, rufen dann bei den spröden Gußröhren vielfach Brüche, besonders an den Muffen, hervor, während die nachgiebigen Blechröhren diesen Beanspruchungen leichter widerstehen können.

Die Linienführung der Leitungen wird sich möglichst dem Terrain anpassen, um alle größeren Bauten zu vermeiden, und es werden Scheitel- und Tiefpunkte der Leitung damit unvermeidlich sein. Was die Scheitelpunkte anlangt, so wird der Wert und die Notwendigkeit von Entlüftungseinrichtungen sehr verschieden beurteilt. Bei kleineren Rohrweiten wenigstens scheint das Wasser die sich allenfalls ansammelnde Luft rasch aufzunehmen und selbst fortzuschaffen, die ja um so leichter vom Wasser absorbiert wird, je höher der Druck ist. Häufige Beobachtungen des Lufthahnes am Scheitel einer langen Leitung, der nur rd. 10 m unter dem Oberwasserspiegel lag (bei etwa 100 m Gefälle), ergaben kein einziges Mal eine Luftansammlung, obwohl aus dem fehlerhaften Einlauf bei maximaler Wasserentnahme sicher Luft mitgerissen wurde. Sogar beim Anfüllen der Leitung genügte ein mehrstündiges Durchlaufenlassen, um das ganze Luftpolster wegzuschaffen.

An Tiefpunkten ist der Einbau von Absperrschiebern mit der vollen lichten Weite als Leerlaufschieber sehr vorteilhaft, um die sich dort ansammelnden Niederschläge von Zeit zu Zeit abblasen zu können und auch im Bedarfsfall die nachfolgenden Leitungsabschnitte drucklos zu machen.

Vor dem Absperrorgan der Turbine ist stets ein Sicherheitsventil vorzusehen, das bei unvorsichtigem Anfüllen die Leitung vor Beschädigungen schützt.

Auf einen Punkt elektrotechnischer Natur sei noch hingewiesen. Die natürliche Erdung der asphaltierten, streckenweise auf Felsen liegenden Rohrleitung scheint oft ungenügend zu sein, so daß sich bei Gewittern bedeutende Spannungsdifferenzen gegen die Umgebung bemerken lassen. Es traten sogar schon Entladungen mit Feuererscheinungen und Geräusch in starkem Maße auf, und in zwei Fällen erhielten nach Kenntnis des Verfassers Personen, die mit der abzweigenden Nutzwasserleitung in Berührung standen, äußerst heftige Schläge. Demnach sollten Rohrleitungen, die große Höhendifferenzen durchlaufen, an ihrem unteren Ende mit allen benachbarten Erdungen der elektrischen Anlagen, mit den Gebäude- und Telephonblitzableitern gut verbunden und selbst zuverlässig geerdet werden.

[7]) Ausnutzung der Wasserkräfte, 1908, S. 193.
[8]) Holz ist wegen seiner geschickten Verwendung durch billige einheimische Arbeiter ein idealer Baustoff für alle derartigen Zwecke im Gebirge, wenn er auch manchmal für „nicht modern" gehalten wird.

II. Turbinenanlage-Regulierung durch Beeinflussung der Turbinen.

Die Forderung einer einfachen Antriebsmaschine wird durch die Turbine in hohem Maße erfüllt, besonders bei großen Gefällen und damit geringen Maschinengrößen.

Mit Rücksicht auf eine billige Gesamtanlage, welche durch die Drehzahl der Generatoren sehr wesentlich beeinflußt wird, ist die Verwendung von Francisturbinen für alle damit noch zu erreichenden Gefälle geboten; Drehzahlen über 1000 sind ja für sie keine Seltenheit mehr. Der Gefällsbereich, der mit Francisturbinen ohne gerade abnormale Laufräder unter Benutzung listenmäßiger, also billiger, raschlaufender Gleichstromgeneratoren bis zu 150 PS noch zugänglich ist, ist zum leichten Überblick in Fig. 6 dargestellt. Nach oben hin ist das Gefälle durch Langsamläufer mit einer spez. Drehzahl n_s von ungefähr 75, entsprechend einem durchschnittlichen Nutzeffekt von 80%, gekuppelt mit den schnellaufenden Generatoren, durch Kurve a begrenzt. In der Mitte liegt die beste Ausnutzung mit spez. Drehzahlen von 100 (Kurve b) bis 175 (Kurve c) bei Nutzeffekten von etwa 86% und mittleren Generator-Tourenzahlen; die untere Gefällsgrenze bilden die langsamer laufenden, aber immer noch normalen und nicht wesentlich teureren Generatoren in Verbindung mit Laufrädern einer spez. Drehzahl um 250 mit einem Nutzeffekt bis zu ca. 83%. Die durchschnittlichen Drehzahlen der normalen billigen Generatoren, welche den obigen Werten zugrunde liegen, sind gleichfalls aus der Figur zu entnehmen. Bei Wechselstrom, bei dem als billige Normaltypen die sechs- und achtpoligen Ausführungen bei geringem Preisunterschied vorliegen, geben die Kurven e (6 Pole, 1000 Touren, $n_s = 75$) und f (8 Pole, 750 Touren, $n_s = 250$) die Grenzwerte für 50 Perioden an. Für niedrigere Gefälle zwingt die Verwendung von mehreren Laufrädern, für höhere der Einbau von zunächst mehrdüsigen Peltonrädern mit abnormal langsamen Dynamos zur Verteuerung; erst beim rund doppelten Gefälle der Kurve a treten wieder eindüsige Peltonräder mit normalen Generatoren ein. Schwammkrugturbinen dürften in diesem Zwischenbereich manchmal doch eine willkommene Aushilfe bieten.

Stets ist auf eine möglichst ohne Zwischenglieder erfolgende Kraftübertragung zum Generator zu sehen und die horizontale Anordnung der Welle daher, wo immer möglich, auszuführen. Bei sehr geringen Gefällen im Verhältnis zum Außendurchmesser bzw. Laufraddurchmesser der Turbine erfordert aber die Verwendung normaler horizontaler Turbinen mit Krümmer eine ziemlich tiefe Wellenlage; wird das Gefälle so gering, daß Riemenscheiben od. dgl. noch unter den Unterwasserspiegel reichen, so schließt sich deren Einbau von selbst aus, man ist zur Verwendung der wegen ihres Spurlagers und ihres Winkeltriebes teureren vertikalen Anordnung gezwungen. Die Maschinenfabrik Andritz in Andritz bei Graz hat in solchen Fällen schon mehrfach einen hübschen Ausweg nach Fig. 7a eingeschlagen: sie baut eine normale vertikale Turbine horizontal ein, wobei nur (Fig. 7b) der Leitraddeckel durch Anfügen eines Fußes geringfügig abgeändert ist. Die Seilscheibengrube liegt hier 50 cm unter UW; da das Verhältnis Außendurchmesser des Leitrades: Gefälle nur = 1:1,35 ist, würde eine normale horizontale Turbine bereits an den OW-Spiegel hinaufrücken. Der Betonkrümmer fiele bei einer vertikalen Turbine ebenso lang aus, es folgt also auch in Hinblick auf Reibungsverluste kein Nachteil für den gewählten Ausweg. Die Kosten stellen sich bei dieser Anordnung nicht unbeträchtlich geringer als bei vertikaler Welle, sowohl bei der Turbine selbst als im Betonbau, so daß auch in diesem Punkte ein Vorzug liegt.

Das gleiche erzielen Escher, Wyß & Co. durch ihre patentierte Erhöhung des Oberwasserspiegels bei Francisturbinen. Die Vorderwand der luftdicht verschlossenen Turbinenkammer reicht, wie ein Hochwasser-

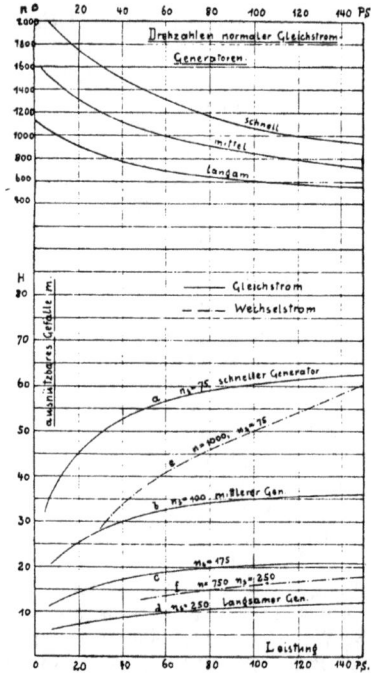

Fig. 6.
Gefällsbereich für Francisturbinen, gekuppelt mit normalen Generatoren.

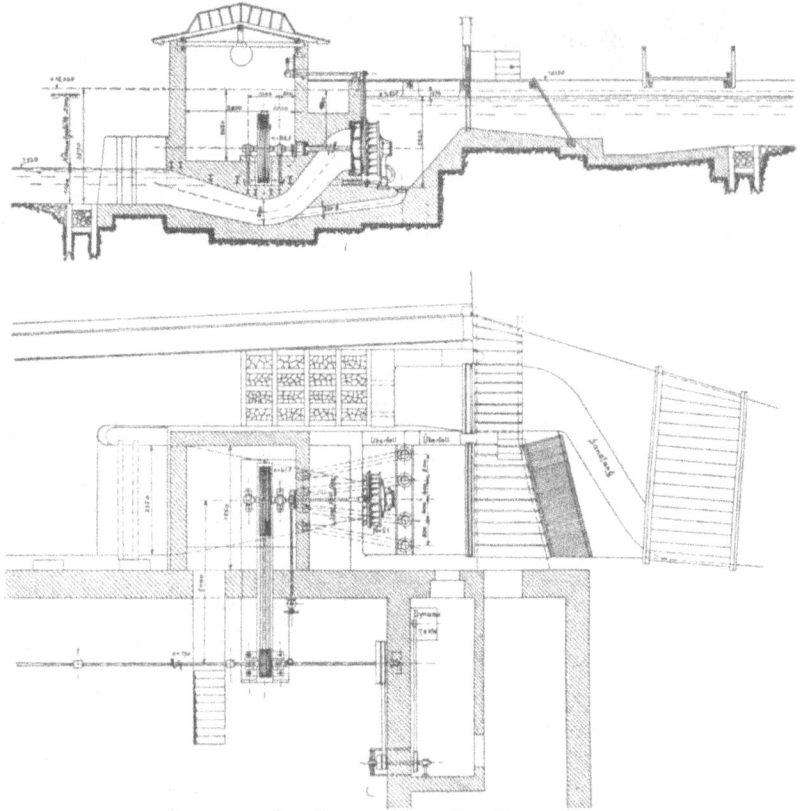

Fig. 7a. Anlage Gersdorf.
($H = 2,30$ m, $N = 51$ PS, $n = 67,5$. Maschinenfabrik Andritz.)

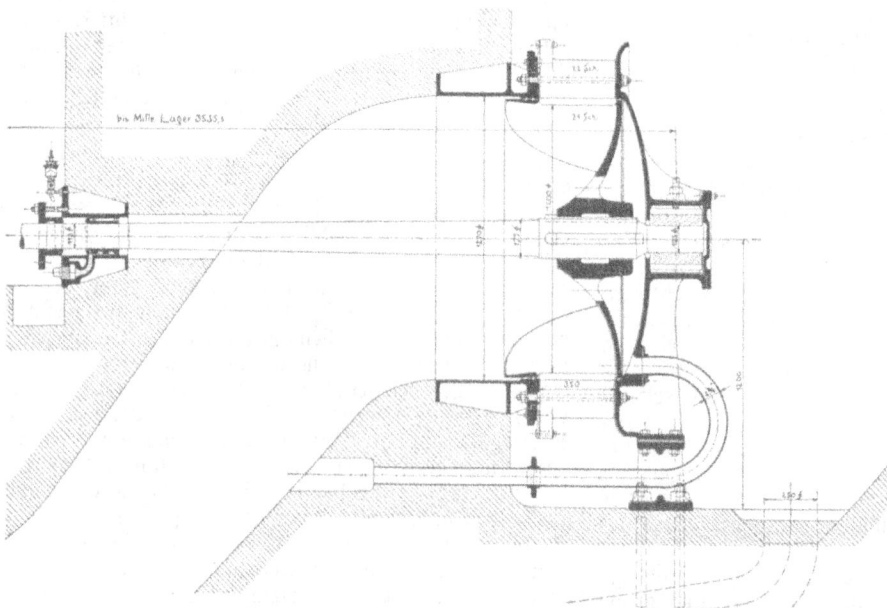

Fig. 7b. Horizontal eingebaute Vertikalturbine zu Fig. 7a.

schild, noch unter den freien Oberwasserspiegel. Im Zusammenwirken mit dem Saugrohr wird also in der Turbinenkammer der Wasserspiegel wie in einem Saugheber höher gezogen und erlaubt infolgedessen, die Turbine bis an oder sogar über das Oberwasser hinaufzurücken.

Der höchste Punkt der Turbinenkammer ist durch ein mit Schwimmerventil versehenes Rohr mit dem Saugrohr in Verbindung gesetzt, und dieses Schwimmerventil schaltet bei genügender Anfüllung der Kammer selbsttätig die Ansaugvorrichtung aus. Die Entlüftung beim Anlassen erfolgt in gleicher Weise wie während des Betriebes automatisch, ohne Zuhilfenahme einer weiteren Vorrichtung als des Schwimmerventils.

Bei einer anderen Anlage nach dieser Art (in Burgau) geht die Riemenscheibe 55 cm unter UW, wobei sich der Außendurchmesser zum Gefälle sogar nur wie 1 : 1,29 verhält.

Die Kammern müssen hierbei natürlich möglichst dicht hergestellt sein, so daß nicht mehr Luft abzuführen ist, als sich aus dem Wasser sowieso während des Betriebes ausscheidet. Die Vorrichtung befindet sich mehrfach,

z. B. auch bei den 650 PS-Vierfachturbinen der Amperwerke in Unterbruck (4,70 m Gefälle), im Betrieb.

Nachahmenswert dürfte auch in manchen Anlagen wegen seiner einfachen Ausführungsmöglichkeit ein erstmals von Briegleb, Hansen & Co. in Gotha angewendeter Einbau einer gewöhnlichen horizontalen Schachtturbine mit Krümmer direkt in das Zuflußgerinne sein, derart, daß die Welle durch das Gerinne hindurch ins Maschinenhaus tritt, während das Saugrohr auf der entgegengesetzten Seite die Kanalwand durchsetzt. Diese Anordnung findet sich in der Z. d. V. D. I. 1907, S. 1005 dargestellt. Bei Verwendung eines hölzernen Gerinnes ergibt sie die denkbar billigste — wenn auch nicht schönste — Anlage.

Auf die Turbinen selbst einzugehen, erübrigt sich, da Spezialausführungen für die besonderen Verhältnisse bei elektrischen Anlagen zufolge ihrer an sich vorzüglich dafür geeigneten Bauart und ihres geringen Raumbedarfes sich als unnötig erweisen. Dagegen sollte beim Zusammenbau mit den Generatoren mehr, als es bisher meist geschieht, auf die Verwendung einer gemeinsamen Grundplatte für das ganze Aggregat gesehen werden, besonders bei kleineren, billigen Anlagen. Den Fundamenten wird dort nicht immer die nötige Sorgfalt gewidmet, und die stets zu verwendende elastische Kupplung[9]) kann bei den daher rührenden verhältnismäßig großen Verlagerungen der Achsen ein stetes Zerren an den Wellen nicht verhindern. Mancher gegen die Ausführung der Maschinen erhobene Vorwurf, als sei eine krumme Welle geliefert worden u. dgl., wird sich hierauf zurückführen lassen. Besonders könnte bei Peltonrädern durch fliegende Anordnung des Laufrades auf der Generatorwelle an Raum und Kosten gespart werden. Bei uns sind derartige Ausführungen, wiewohl sie sich bis zu den größten Leistungen bewährt haben, anscheinend leider recht vereinzelt geblieben.

Im engsten Zusammenhang mit der Turbine steht der hauptsächlich für die Bedienung entscheidende Punkt: die Regulierung.

Es mögen jene Regulierungen eingehender betrachtet werden, die zufolge der besonderen Betriebsverhältnisse der unbedienten Anlagen spezielle Beachtung verdienen oder in der Literatur noch nicht in gleichem Maße wie die alltäglichen Konstruktionen Eingang fanden, und gleichzeitig damit kann ihr Zusammenbau mit der Turbine oder Sonderkonstruktionen derselben gestreift werden.

Allgemein gilt, daß mit Rücksicht auf die geringen, an die Bedienung und deren Kenntnisse zu stellenden Anforderungen nur die einfachsten Ausführungen befriedigen werden; bei ganz kleinen Anlagen spielt auch oft die Preisfrage eine große Rolle. In vielen Fällen wird man zur Erzielung einfachster Anlagen sogar die Anforderungen an Reguliergenauigkeit in etwas bescheideneren Grenzen halten können; denn plötzliche größere Belastungsschwankungen sind sowieso nur tagsüber, wenn überhaupt Motoren in ausgedehnter Verwendung sind, zu gewärtigen, und durch Verwendung von Metallfadenlampen in solchen Räumen, wo an Gleichmäßigkeit des Lichtes hohe Anforderungen gestellt werden, können größere Spannungsschwankungen[10]) und damit geringere Reguliergenauigkeit zugelassen werden. Entsprechende Schwungmassen zur Dämpfung plötzlicher Stöße sind natürlich nicht zu umgehen.

Weiter ist zu bemerken, daß man bei den für kleine Leistungen in überwiegendem Maße auszuführenden

Gleichstromanlagen auch mit der Tourendifferenz (dem Ungleichförmigkeitsgrad) der Regulierung auf günstige hohe Werte gehen kann, ohne Komplikationen zur Verringerung der Tourendifferenz (2. Kompensation) zu benötigen. Mit einer übercompoundierten Maschine, deren Compoundierungsverhältnis durch einen Nebenschluß zur Serienwicklung für den einzelnen Fall abgeglichen werden kann, ist es jederzeit möglich, einen Tourenabfall bis zu etwa 10% zwischen Vollast und Leerlauf in der Dynamo allein selbsttätig auszugleichen und konstante Spannung zu erhalten. Auch bei Wechselstromanlagen hat ein größerer Ungleichförmigkeitsgrad, speziell im Lichtbetrieb, wenig zu bedeuten, wenn nicht beim Motorenbetrieb besondere Interessen in Frage treten.

Mit solchen, den Grundsätzen des modernen Regulatorenbaues scheinbar widersprechenden Vereinfachungen soll keineswegs einer primitiven Ausrüstung der Kleinanlagen das Wort gesprochen werden; es seien dies nur Hinweise, an welchen Stellen bei knappen verfügbaren Mitteln unter Abwägung der im Einzelfalle zu stellenden Anforderungen leicht gespart werden kann ohne größeren Nachteil für die Leistungen der Anlage.

1. Bremsregelung.

Die Bremsregulatoren, welche konstante Drehzahl durch künstliches Konstanthalten der Belastung der Turbine erreichen, sind in vielen Fällen geradezu das Ideal für unbediente Anlagen und haben sich bis zu mittleren Leistungen große Verbreitung verschafft. Der ihnen vielfach vorgeworfene „Fehler" der Wasserverschwendung wird zu einem großen Vorzug bei langen Rohrleitungen und hohen Wassergeschwindigkeiten, wie man solche in kleineren Anlagen aus Billigkeitsgründen vielfach anstreben wird, da keine Druckschwankungen möglich sind und somit alle Freiläufe u. dgl. fortfallen (mit Ausnahme eines kleinen Sicherheitsventils, vgl. unter Rohrleitungen), anderseits derjenige Mehrbetrag an Schwungmassen, welcher sonst die Verzögerungsarbeit des Rohrinhaltes aufzunehmen oder während der Beschleunigung desselben den Fehlbetrag zu decken hätte, eingespart wird, bzw. bei normalen Schwungmassen die maximalen Tourenschwankungen kleiner werden.

Stauanlagen werden ferner auch nur in den seltensten Fällen ausführbar oder zulässig sein, speziell bei Niederdruckanlagen, einesteils wegen ihrer Kosten und andernteils wegen der meist großen Zahl von wasserberechtigten Unterliegern[11]), und auch in dieser Hinsicht genügt ein Bremsregler durch Einhaltung des konstanten Wasserabflusses ohne Schwankungen, wie sie sonst beim Überfall (besonders bei kurzen Wehren) auftreten müssen, am besten den Ansprüchen. Man wird wohl behaupten dürfen, daß bei ¾ aller für solche Anlagen bis zu 100 und mehr PS ausnutzbaren Wasserläufe derartige Rechte einzuhalten sind, und ein Ausgleich für längere Zeiträume, der den Abfluß nicht zeitweilig beschränkt, kann nur selten, etwa mit dem Hauptzweck als Hochwasserschutz, in Betracht kommen.

Nicht zu unterschätzen ist in allen unreinen Gewässern auch der Umstand, daß die Regulierorgane der Turbinen bedeutend mehr geschont sind und ein bei Füllungsreglern mit der Zeit sich einstellender toter Gang usw., der auf die Reguliergenauigkeit vermindernd einwirken würde, bei der seltenen Handbetätigung des Leitapparates vermieden wird.

---

[9]) Nur wegen ungleicher Lagerabnutzung; die isolierende Eigenschaft der Kupplung ist bedeutungslos, solange der Generator nicht völlig isoliert vom Fundament steht.

[10]) Vgl. Dr. Hirschauer, E. T. Z. 1908, S. 87. Für 12% Lichtänderung gestatten Kohlenfadenlampen 2% Spannungsänderung, Metallfadenlampen 3%.

[11]) Über elektrische Aufspeicherungsanlagen, die solchen Falles anzuwenden wären, und deren mehr oder weniger selbsttätig arbeitende Ausführungen vgl. später.

Was die Bemessung der Bremsregler betrifft, ist es bei der in solchen Wasserkraftanlagen meist üblichen Stromverschwendung genügend, wenn der Regler etwa $^2/_3$ der vollen Turbinenleistung aufnehmen kann. Bei

Ganahl in Dornbirn (Vorarlberg), der sich in vielen Ausführungen bestens bewährt hat, besteht nach Fig. 8 aus einem Schaufelpumpenrad c, dessen Einströmung vom Wasserkasten b her vermittelst Ringschieber d

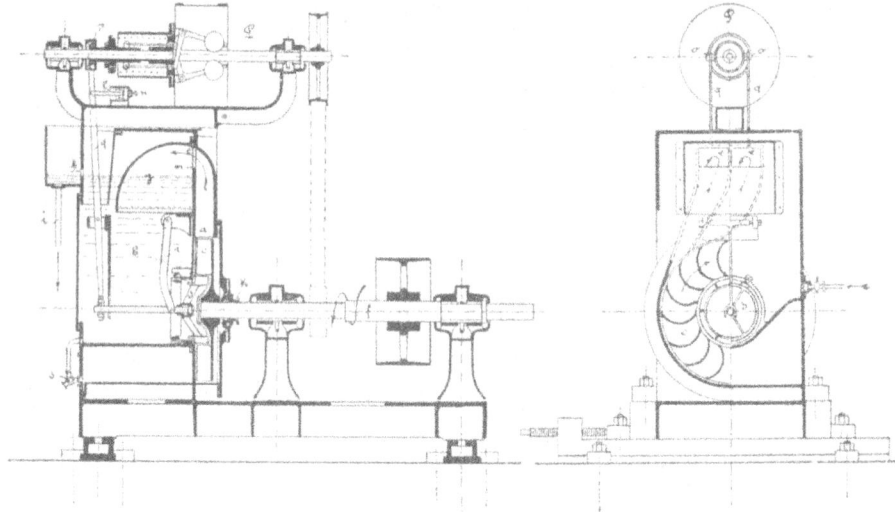

Fig. 8. Hydraulischer Widerstandsregler, Pat. Rüsch-Sendtner.
(Ver. Masch.-Fabr. Rüsch-Ganahl A.-G., Dornbirn.)

Fig. 9. Spiralturbine mit Widerstandsregler gekuppelt.
$H = 24$ m; $N = 112$ PS. (Rüsch-Ganahl A.-G.)

einem gewissen Maß von Bedienung kann die halbe Leistung bereits genügen, nur für grobe Betriebe, etwa Krafterzeugung für Bahnen oder Sägewerke, ist die volle Leistungsaufnahme nötig.

a) Regler zum Abbremsen mechanischer Energie.

Der „hydraulische Widerstandsregler Pat. Rüsch-Sendtner" der Vereinigten Maschinenfabriken Rüsch-

durch ein sehr energisches, raschlaufendes Pendel P mit Luftdämpfung gesteuert wird. Die je nach der Stellung des Pendels vom Rad gefaßte Wassermenge wird durch die Kanäle a—e wieder in den Wasserkasten zurückgeworfen, die abzubremsende Arbeit mithin in Beschleunigungsarbeit und — zum größten Teil — in Wirbel an der Drosselstelle und damit Erwärmung umgesetzt; die deswegen nötige Kühlung erfolgt durch selbsttätigen langsamen Ersatz des Wasserinhaltes. Ein großer Vorzug des Reglers liegt im Fehlen aller dicht zu haltenden Teile mit Ausnahme einer Stopfbüchse am Eintritt der Welle in den Saugraum sowie in seiner hohen Drehzahl, wozu ihn seine Wirkung als Schleuderpumpe bestimmt. Bei Vollast der Turbine arbeitet das Flügelrad im Luftraum, die Leerlaufsarbeit beträgt daher nur ca. 1% der Vollast. Der Regler wird normal in neun Nummern gebaut, deren größte z. B. bei 300 Touren 100 PS, bei maximal 600 Touren 400 PS aufnimmt.

Die Garantien für die Regulierfähigkeit können vorzüglich genannt werden; es betragen:
bei Ent- oder Belastung um Prozent

der vollen Leistung	100%	50%
die totalen Tourenschwankungen .	2,5%	1,5%
Beharrung erreicht nach[12])	3 sek	1,5 sek

Schlußzeit bei Riemenantrieb bis zu 1 sek, bei direkter Kuppelung noch weniger.

nahme des Axialschubes der Turbine ausgebildet. Die Turbinen der Firma werden auch — was gleichfalls zur Betriebsvereinfachung beiträgt — mit einstellbarer Entlastung des Laufrades vom Axialschub durch eine Umleitung zwischen Leitraddeckel und Saugrohr sowie mit selbsttätigen Luft- und Entwässerungsventilen ausgerüstet, so daß das Anlassen und Abstellen auf Öffnen oder Schließen des Absperrschiebers beschränkt ist[13]).

Wenn zufolge unreinen Betriebswassers auf eine leichte Ausbaumöglichkeit des Laufrades gesehen werden muß, wozu bei der vorgenannten Anordnung eine Demontage des Bremsreglers erforderlich ist, so empfiehlt sich der Einbau des Reglers zwischen Turbine und Generator, so daß der Leitraddeckel dann frei ist. Der Regler sitzt bei dieser Anordnung zwischen zwei Lagern, seine Welle muß nun allerdings für das volle Drehmoment bemessen sein.

Für Wechselstrombetriebe wird zum Parallelschalten die Tourenverstellung in einfachster Weise mittels koni-

Fig. 10. Widerstandsregler mit Dynamo gekuppelt für Riemenantrieb.
(N = 16 PS; n = 1300. (Rüsch-Ganahl A.-G.)

Der Kühlwasserverbrauch ist minimal, der Apparat verursacht fast kein Geräusch, wie z. B. an einem ca. 100 PS-Regler nach achtjährigem Betrieb festzustellen war.

Nachstehend seien einige typische Anordnungen dieses Reglers gezeigt, der auch sehr wenig Raum beansprucht und, besonders für kleinere Leistungen, billiger als indirekte Öldruckregler kommt, abgesehen von seiner Einfachheit.

Fig. 9 gibt den räumlich gedrängten Zusammenbau eines Reglers von 110 PS Bremsleistung mit einer 112 PS-Spiralturbine derselben Firma unter 24 m Gefälle auf gemeinsamem Fundament. Neben der Übertragung auf die lösbar gekuppelte Dynamo findet noch Transmissionsabtrieb statt. Die Zuleitung des Ersatzwassers aus dem Spiralgehäuse der Turbine und die Ableitung des erwärmten Wassers sind gut zu erkennen, auch fällt das einfache, aber empfindliche Federpendel mit kleinem Luftkatarakt auf. Das Zwischenlager zwischen Saugrohrkrümmer und Regler ist hier als Spurlager zur Auf-

scher Riemenrollen und Gabel bewirkt, welche direkt die Drehzahl des Pendels und damit die abzubremsende Leistung, auch vom Schaltstand aus, beeinflussen lassen. Das Parallelschalten wird durch die künstliche Belastung der Turbine, nebenbei erwähnt, nur erleichtert, da unbelastete Turbinen nicht sehr stabil laufen. An der Stelle, die der Riemen für das Pendel bei normaler Drehzahl einnimmt, werden die konischen Rollen leicht bombiert gedreht, so daß im Dauerbetrieb der Riemen nicht durch seine Gabel geführt zu werden braucht und so abgenutzt wird.

Für langsam laufende Turbinen werden diese Regler, um einerseits mit den kleineren und billigeren, hochtourigen Modellen auszukommen und anderseits auch die separaten Riemenverluste für den Reglerantrieb von einigen Prozenten einzusparen, direkt mit den Generatoren auf gemeinsamem Grundrahmen gekuppelt, ev. noch unter Zwischenschaltung einer ausrückbaren Kupplung. Einen kleinen Maschinensatz ersterer Art,

---

[12]) Aus einem Tachogramm abgenommen; keine Garantieangabe.

[13]) Vgl. z. B. die Turbinen der Zentrale Andelsbuch im Bregenzer Wald, Schweiz. Bauztg. 1910, S. 61 u. Sonderdr. S. 14.

der besonders den geringen Raumbedarf augenfällig macht, zeigt Fig. 10. Das Aggregat nimmt 10 PS bei 1300 Touren auf. Anker, Riemenscheibe und Flügelrad des Reglers sitzen auf einer durchgehenden Welle, der Maschinensatz steht auf gemeinsamen Spannschlitten. Ein größeres Aggregat von 80 PS bei 750 Touren für Wechselstrom ist in Fig. 11 gewählt; da der Regler

entsprechend, so daß die Pumpe nun die volle Wassermenge gegen eine gewisse Druckhöhe zu fördern hat.

Die Drehzahl dieser Vorrichtung ist dem System der Pumpe gemäß nicht sehr hoch, sie beträgt:

1. Bei der Normalkonstruktion je nach Bremsstärke zwischen 90 bis 160 (die Drehzahl nimmt mit zunehmender Bremsstärke ab),

Fig. 11. Bremsregler für Transmissionsbetrieb, mit Dynamo ausrückbar gekuppelt.
$N = 80$ PS; $n = 750$. (Rüsch-Ganahl A.-G.)

hier auch bei Stillstand des Generators in Tätigkeit zu bleiben hat, ist zwischen seine Antriebsscheibe und jenen eine ausrückbare Kupplung zwischengeschaltet. Dieser Fall tritt z. B. bei Mühlen, Sägen u. dgl. mit Elektrizitätswerken im Nebenbetrieb häufig ein.

Fig. 12. Bremsregler von Schrieder, Säckingen.

Statt die abzubremsende Arbeit an der Saugseite der Pumpe in Wärme umzusetzen, kann dies bei den Bremsreglern von Schrieder auch auf der Druckseite der Pumpe geschehen. Ein Kapselpumpwerk (Fig. 12) versetzt das Wasser in steten Kreislauf aus dem Behälter im Fundamentsockel durch ein Drosselventil, welches bei normaler Drehzahl voll geöffnet ist und fast keinen Durchflußwiderstand bietet. Bei zunehmender Drehzahl schließt das Pendel dieses Ventil

2. bei dem sog. Rundsystem (speziell für direkte Verkuppelung geeignet) 160 bis 250.

Die höchste Bremsleistung wird mit Vorteil nicht über maximal 200 PS zur Anwendung gelangen.

Die größte Tourenschwankung bei plötzlicher voller Entlastung beträgt nach Angabe der Firma höchstens 2%.

Zur Vermeidung großer Abnutzung von Pumpe und Ventil und damit abnehmender Bremsleistung wird eine besondere schmierende Masse im Füllwasser gelöst. Wie der vorige Regler mit Generator, so kann der Bremsregler von Schrieder wegen seiner geringen Tourenzahl unter Umständen vorteilhaft mit der horizontalen Turbinenwelle gekuppelt werden, um Raum und Riemenverluste und die teuern Vorgelege zu ersparen.

Das auf der Figur noch ersichtliche, auf der Druckseite der Pumpe angeschlossene »Hydrometer«, welches, nach PS geeicht, die abgebremste Leistung abzulesen gestattet, kann bei elektrischen Betrieben wegfallen.

Auch diese Bremsregler haben in kleineren Elektrizitätswerken große Verbreitung gefunden, ebenso vorteilhaft werden sie in Webereien, Spinnereien, Papierfabriken und Sägewerken usw. verwendet.

b) Die elektrischen Bremsregler.

Die zweite Klasse bilden die elektrischen Bremsregler, welche für konstante Tourenzahl durch Konstanthalten der Generatorbelastung sorgen.

Ein grundsätzlicher Nachteil ist hierin keineswegs zu ersehen, da die Abnutzung des Maschinenaggregates von der Belastung ja nicht abhängt; dagegen führt ein Stromloswerden des Generators natürlich zum Durchgehen der Turbine.

Von Reglern dieser Gruppe ist der »elektrische Widerstandsregler Pat. Wolff« von J. M. Voith in Heidenheim seit einigen Jahren in erfolgreicher Verwendung, allerdings nur für Wechselstrom, da bei Gleichstrom ein großer Verschleiß der Elektroden einträte. Das eingekapselte Zentrifugalpendel (Fig. 13) steuert direkt einen langen, durch Gegengewicht ausbalanzierten Hebelarm, welcher die Elektroden trägt, die in einen Wasserbottich entsprechend der abzubremsenden Leistung eintauchen. Die Stromzuführung erfolgt durch biegsame Leitungen über dem Drehpunkt des Hebels. Bei niedriger Spannung, also hoher Stromstärke, bestehen die Elektroden aus Blechen, für Hochspannung werden Kohlenstäbe benutzt. Soll ein Regler mehrere Generatoren in Parallelschaltung

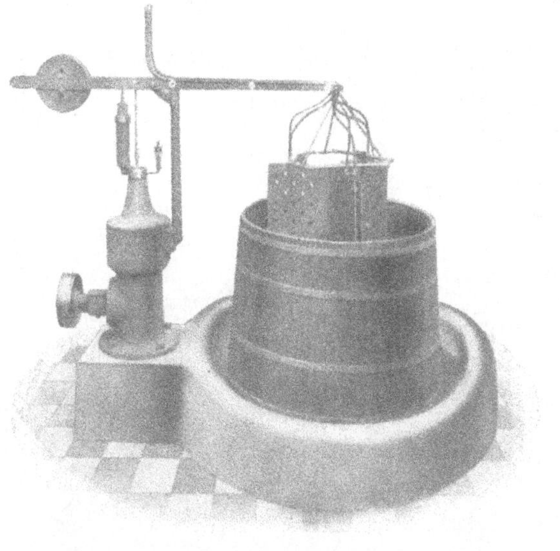

Fig. 13. Elektrischer Bremsregler Pat. Wolff. (J. M. Voith, Heidenheim u. St. Pölten.)

bedienen, oder ist aus örtlichen Gründen kein Riemenantrieb von der Welle her durchführbar, so wird das Pendel mit einem Motor gekuppelt und läuft dann natürlich ebenfalls mit der Tourenzahl bzw. Periodenzahl des Netzes. Dieser Vorzug der »Gruppenregulierung« ist von anderen Bremsreglern gar nicht, von indirekten Reglern nur auf komplizierten Umwegen zu erreichen (vgl. Gruppenregulierung von Bouvier, Z. f. g. T. 1905, S. 236; von Briegleb, Hansen & Co., in der Anlage Salto de Bolarque Z. d. V. D. Ing. 1910, S. 1386).

Für direkten Anschluß an Hochspannung wird der Regler ebenfalls ausgeführt und arbeitet völlig zufriedenstellend. Der von der ausführenden Firma genannte Schutz gegen Überspannungen in der Anlage durch Erdung des Nullpunktes bei Drehstrom, analog einem Wasserstrahlerder, ist eine sehr angenehme Beigabe; Funkenstrecken[11]) sind hierdurch aber doch nicht ganz entbehrlich. Der Bedarf an Kühlwasser beträgt nur $\frac{3}{4}$ l für je 100 abzubremsende PS, die Raumbeanspruchung hält sich in ziemlich mäßigen Grenzen. Die größte vorübergehende Tourenschwankung ist zu 4% bei plötzlicher Belastungsänderung um 100% angegeben.

Eine besonders bei hohen Spannungen erwünschte Trennung von Regler und Widerstand zeigt die Ausführungsform von Rüsch-Ganahl, wie sie in neuester Zeit vielfach mit gutem Erfolg auch in kleineren Anlagen zur Verwendung kommt, in Fig. 14 a. Das Pendel P wird für Riementrieb oder bei Anwendung für mehrere Aggregate für Kupplung mit einem Asynchronmotor M[15])

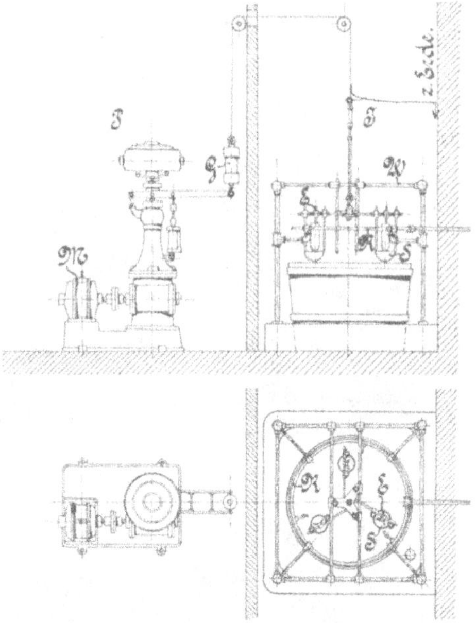

Fig. 14 a. Elektrischer Widerstandsregler der Ver. Masch.-Fabr. Rüsch-Ganahl.

eingerichtet; der Wasserwiderstand W besteht hier bei Drehstrom aus drei sternförmig angeordneten in einen Bottich tauchenden Elektroden E, die vertikal geführt und durch einen Isolator J vom Tragseil für jede vorkommende Spannung unbedingt zuverlässig zu isolieren

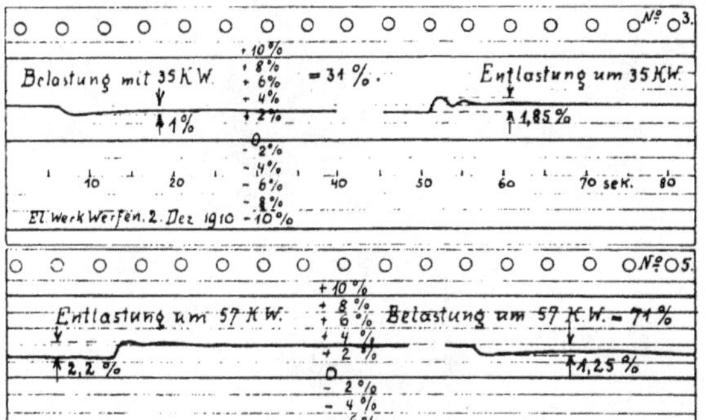

Fig. 14 b. Tachogramme einer Anlage mit elektr. Widerstandsregler (Rüsch-Ganahl).

sind. Das Gewicht der Elektroden ist durch ein Gegengewicht G annähernd ausgeglichen. Ein Vorzug dieser Anordnung liegt darin, daß sich das Pendel im Maschinenraum, der Hochspannung führende Widerstand aber in einem separaten Raum aufstellen läßt, wie dies in

---

[11]) Oszillatorische Überspannungen müssen bereits an der Einführung in die Anlage abgeleitet werden. Gegen statische Ladungen ist die Schutzwirkung des Reglers natürlich vollkommen.

[15]) Da eine Änderung der Belastung auch eine mit der Änderung der Tourenzahl gleichsinnige Änderung der Spannung des Generators bewirkt und diese letztere die Drehzahl des Asynchronmotors nochmals in gleicher Richtung etwas beeinflußt, so ergibt sich aus der Verwendung eines solchen Motors eine gesteigerte Empfindlichkeit auf die Tourenänderungen der Turbinen.

Fig. 14 a angedeutet ist und durch Erdung des Seiles hinter dem Isolator *J* vollste Sicherheit bietet. Da bei den meist in Betracht kommenden Spannungen bereits reines Wasser genügend leitet, ist die Kühlung durch Ersatz des Füllwassers bewerkstelligt, das aus dem Ringrohr *R* nahe den Elektroden in den Bottich fließt.

strahlen bespült. Beim Leergang des Reglers tauchen die Ränder der Porzellanschalen gerade ein wenig über den Wasserspiegel im Bottich heraus, während die Elektrodenspitzen ständig im Wasser stehen, und zufolge der scharfen Zirkulation des Ersatzwassers in den Schalen kann nur ein sehr geringer Stromübergang zwischen

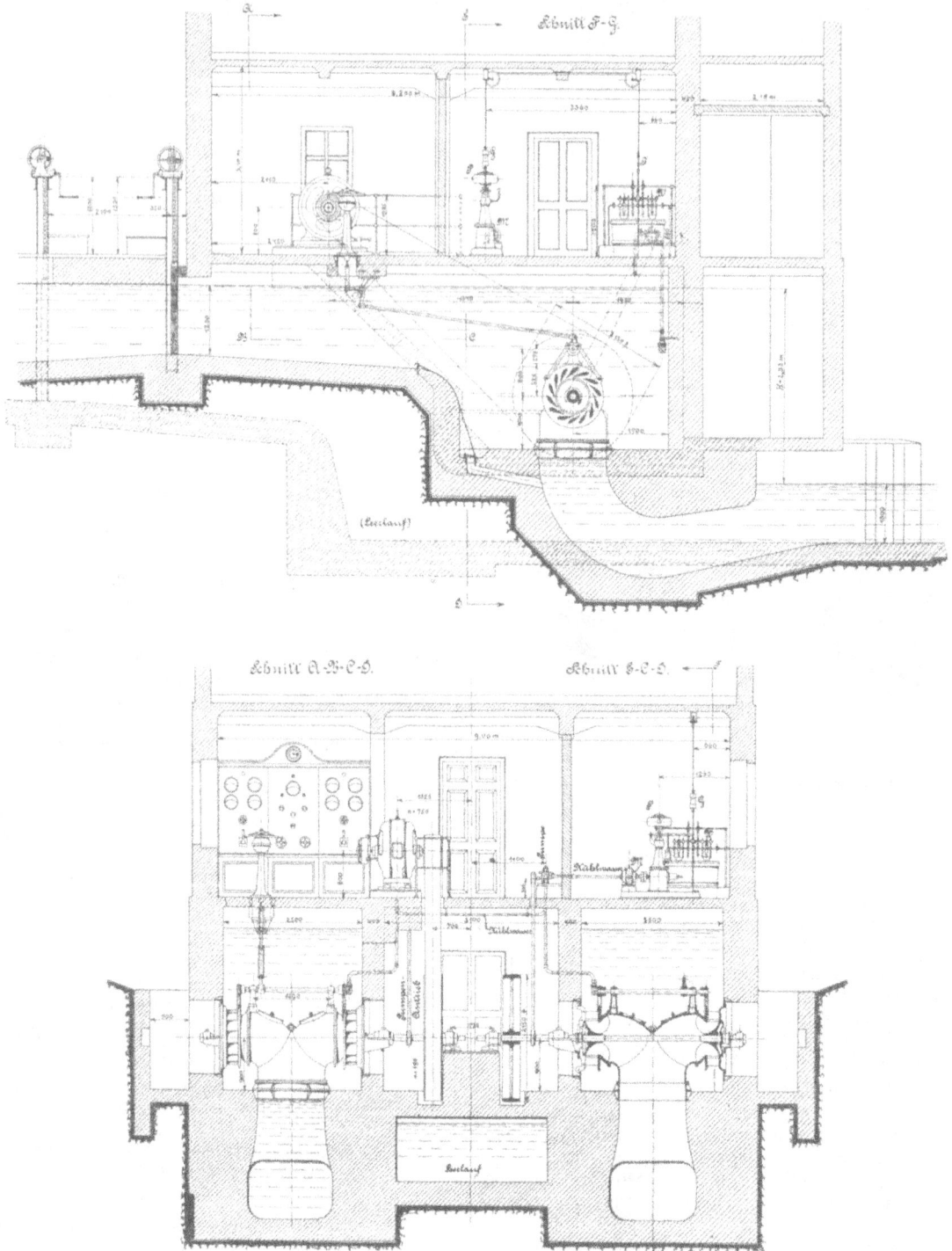

Fig. 15 a und 15 b. Elektrizitätswerk Schlins-Satteins. (*H* = 2,32 m; *N* = 2 × 70 PS; *n* = 196. Rüsch-Ganahl.)

Das besondere Kennzeichen dieser Konstruktion gegenüber den sonstigen Ausführungen liegt in der zum Patent angemeldeten Ausbildung des Widerstandes. Die Spitzen der Elektroden *E* reichen in halbkugelige Porzellanschalen *S* hinein und werden von den Kühlwasser-

den Elektroden stattfinden. Es ist also damit geringste Leergangsarbeit ohne völlige Unterbrechung der Stromwege gewährleistet. Tauchen dagegen die Schalenränder bei Entlastung der Anlage unter den Spiegel des Bottichinhaltes, so wird die lebendige Kraft des aufspritzenden

Strahles je nach der Tauchtiefe bedeutend gemindert, die Zirkulation verlangsamt und die Aufnahmefähigkeit des Widerstandes rasch vergrößert. Der Übergangswiderstand dieser Anordnung sinkt also nicht proportional den eingetauchten Flächen, sondern viel rascher, so daß kleinen Verstellungen schon große Stromänderungen, damit eine hohe Empfindlichkeit des Reglers, entsprechen. Bei niedern Spannungen ist zur Erzielung einer handlichen Größe der Elektroden jedoch ein künstlich besser leitend gemachtes Wasser (Sodazusatz) und damit eine Kühlung durch eingelegte Kühlrohre nötig.

Die Wirkung solcher elektrischer Bremsregler ist, wie die Erfahrung zeigt, eine sehr zufriedenstellende. Die von Rüsch-Ganahl gegebenen Garantien versprechen z. B. bei Belastungsänderungen von $\pm100\%$, 50% und 25% eine Tourenänderung von ∓ 8 bzw. 4 bzw. 2%. Die tatsächlich erhaltenen Resultate sind noch erheblich besser, wie die Tachogramme (Fig. 14 b) eines Reglers für 80 KW (= Leistung beider Generatoren) zeigen. Trotz der großen vom Pendel zu bedienenden Massen der Elektroden und des Gegengewichtes ist auch Dämpfung und Schlußzeit recht befriedigend. Wenn auch bei hohen Drehzahlen eine mechanische Abbremsung der überschüssigen Leistung wegen ihrer unbedingt sicheren, von keinen Störungsmöglichkeiten abhängenden Wirksamkeit in manchen Fällen den Vorzug verdienen mag, so gehört der elektrischen Bremsregelung in allen Fällen, wo ein Durchgehen der Maschinen beim Stromloswerden der Sammelschienen noch nicht zu fürchten ist, als unbedingt billigsten und dabei einwandfreien Regelungsart volle Beachtung in kleineren Anlagen.

Den Einbau eines solchen Reglers von rd. 100 KW Kapazität in einer kleineren Drehstromzentrale von 2×70 PS bei 3000 Volt, die auch sonst eine hübsche Disposition aufweist, zeigt Fig. 15 a und b. Der Maschinenraum enthält zu beiden Seiten des mittleren die ganze Länge von 8,20 m einnehmenden Ganges, unter dem die Riemenscheibengrube liegt, abgeschlossene Räume zwischen den Pfeilern und der an das Treppenhaus stromabwärts grenzenden Wand, deren linker (vgl. den Querschnitt Fig. 15 a) als Schaltraum mit vorne angebauter Schalttafel dient, während im rechts liegenden der elektrische Bremsregler — hier einschließlich des Pendels — untergebracht ist. Zur Kühlwasserförderung dienen zwei von ihren Turbinen mit Riemen getriebene kleine Kapselpumpen im Mittelgang des Maschinenraumes, deren eine in Reserve steht. Sehr zur Bequemlichkeit beim Parallelschalten trägt es bei, daß wenigstens der Handradständer zur Regulierung der einen Turbine unmittelbar vor der Schalttafel steht, so daß ein Mann das Synchronisieren auch bei nicht ganz ruhigem Betrieb allein ausführen kann. Empfohlen sei es stets, die Handregelungen der Turbinen in dieser Weise anzuordnen oder noch besser gleich auf die zugehörigen Schalttafelfelder zu bringen, was sich immer wird ausführen lassen. Manche falsche Parallelschaltung mit ihren schlimmen Folgen hätte sich dadurch wohl schon vermeiden lassen. Die Schalttafel enthält im Mittelfeld die zur Parallelschaltung nötigen Apparate und die Erregermaschinen-Regulatoren, zu beiden Seiten die Felder für die zwei Generatoren. Erwähnt sei auch der an Breite sparende Einbau der Turbinen mit Verlegung des Leerlaufes zwischen die Turbinenkammern[16], in einen sonst nicht ausnutzbaren Platz, woraus sich auch die Zugänglichkeit der Endlager der Turbinenwellen durch Schächte an der Um

fassungsmauer des Hauses leicht erreichen ließ. Gleichzeitig sorgt der vertiefte Leerlauf (in Fig. 15 b eingestrichelt) für sichere Abfuhr aller Sinkstoffe, Grundeis usw. bei geringer Öffnung der Schütze.

Auf prinzipiell andere Weise erfolgt die elektrische Bremsregulierung mittels des **Absorptionsreglers von Thury**, gebaut von H. Cuénod A.-G. in Châtelaine bei Genf.

Thury macht die Stromaufnahme der elektrischen Bremse, d. i. des Absorptionswiderstandes, von der Abweichung von der normalen **Spannung** abhängig, nicht, wie Wolff, von der Tourenzahl. Die Folge einer Mehrbelastung z. B. ist eine Abnahme der Generatorspannung, hervorgerufen durch Zurückgehen der Tourenzahl wegen des vergrößerten Drehmomentes wie auch durch vermehrten Spannungsabfall zufolge der höheren Stromstärke. Der Thuryregler tritt nun in Tätigkeit und vermindert die Stromaufnahme des Absorptionswiderstandes so lange, bis die normale Spannung E wieder erreicht ist. Aus der Grundgleichung der Induktion: $E = \text{konst } N \cdot n$, sowie daraus, daß demselben E stets wieder dasselbe N entspricht[17], folgt, daß nunmehr auch wieder die normale Tourenzahl n vorhanden sein muß. Bei Wechselstrom tritt, sobald sich auch die Phasenverschiebung als dritte Variable ändert, eine kleine Komplikation ein. Nimmt z. B. — um einen recht extremen Fall zu zeigen — die Belastung von Vollast und cos $\varphi = 1$ auf Halblast und cos $\varphi = 0,75$ (induktiv) ab, so muß zur Erzielung der ursprünglichen Spannung E bei konstanter Erregung jetzt die Maschine um so viel schneller laufen als die Kraftlinienzahl N durch den entmagnetisierenden Einfluß des wattlosen Stromes (als Folge der vergrößerten Phasenverschiebung) vermindert wurde. Der induktionsfreie Flüssigkeitswiderstand wirkt aber stets vermindernd auf die Größe der Phasenverschiebung, im genannten Beispiel würde der gesamte cos φ dadurch auf 0,86 gebracht, eine Tourenerhöhung um ca. 8% somit nötig sein. In den praktisch vorkommenden Fällen bleibt der Einfluß des cos φ aber noch viel geringer, die entsprechende Tourenerhöhung liegt innerhalb der auch bei anderen Reglern auftretenden Tourendifferenz.

Mit dem **spannungs**empfindlichen Absorptionsregler wird also **Spannung und Touren** bzw. Periodenzahl gemeinsam praktisch konstant gehalten, eine separate Regulierung des Generators, wie bei Regulierung auf konstante Touren allein, fällt somit weg.

Das Kennzeichen des Thurysystems, das Schaltwerk mit elektromagnetischer Auslösung, ist bereits in der Z. d. V. D. Ing.[18] eingehend vom elektrotechnischen Standpunkt aus dargestellt; es soll aber hier nochmals auf die interessante Konstruktion zurückgekommen werden, vgl. Fig. 16. Das Steuerorgan besteht aus einem durch Spule F erregten Elektromagneten, dem die am Hebel E befestigte Spule B gegenüberschwebt. Beide Spulen F und B sind in Reihe an die Netzspannung geschaltet, so daß sich Spule B zu heben strebt und bei normaler Spannung durch Feder A in ihrer Gleichgewichtslage gehalten wird. Der Servomotor besteht ähnlich dem früheren Klinkenregler von Piccard, Pictet[19] aus einem Schaltrad H, das durch Schwinge D und Sperrzähne I, I', letztere in der Ruhelage gehalten von Klinken K, K', vor- oder rückwärts gedreht werden kann. Die Schwinge wird durch einen kleinen Motor von der Scheibe L her mit Kurbel und

[16] Auf einen anderen originellen, raumsparenden Einbau der gleichen Firma einer dreifachen horizontalen Turbine in einen Spiraleinbau aus Beton, dessen als Rückwand wasserabwärts zu dienendes spiraliges Schild gleichzeitig den Überfall bildet, sei hier nur hingewiesen; die interessante Anlage kann hier leider nicht vorgeführt werden.

[17] N = Kraftlinienzahl; ein genaueres Eingehen hierauf würde zu weit in das Gebiet der Elektrotechnik führen.
[18] J. Schmidt, Die selbsttätigen Spannungsregler für Gleich- und Wechselstromkraftwerke. Z. d. V. D. I. 1910, S. 837.
[19] Vgl. Budau, Regulierung hydr. Motoren, Heft 3, S. 77 und Bauersfeld, Automat. Regulierung der Turbinen, S. 161.

Kurbelstange in oszillierende Bewegung versetzt. Steigt z. B. die Spannung über den Normalwert, so entfernt sich B von F, der um x drehbare Hebel E löst mit seinem Ansatz C beim Vorbeistreichen die Klinke K' aus, Sperrzahn I' greift ein und schiebt das Steigrad H um einen Zahn weiter. Beim Zurückschwingen von D wird er wieder unter seine Klinke K' geschoben, jedoch beim nächsten Vorwärtsgang sofort nochmals ausgelöst, wenn Hebel E noch nicht in seine Mittellage zurückgekehrt

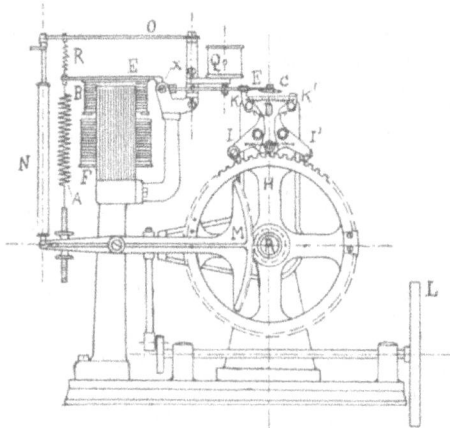

Fig. 16. Thury-Regler, Getriebe. (H. Cuénod A.-G., Châtelaine b. Genf.)

ist. — Die normale Reguliergeschwindigkeit beträgt pro ein Zahn Verschiebung nur 0,4 Sekunden; je nach Umständen kann ein Regulierweg vom Bruchteil einer Umdrehung bis zu mehreren vollen Umdrehungen ausgenutzt werden. Die zur Vermeidung des Über-regulierens nötige Rückführung wird durch Zahn-

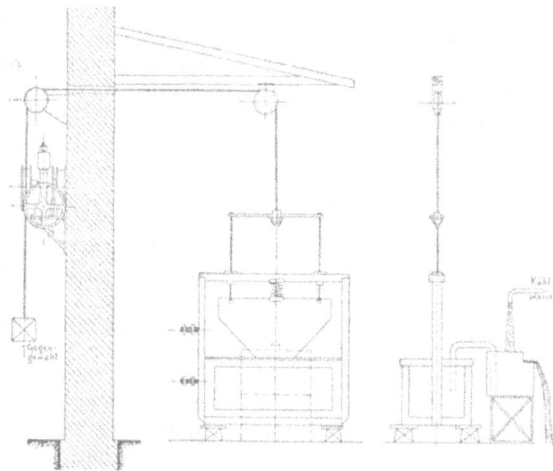

Fig. 17. Absorptionsregler von Thury. (H. Cuénod A.-G.)

segment M von der Regulierwelle R abgeleitet und ist als „Isodromvorrichtung" vermittelst Blattfeder O und Ölkatarakt N ausgebildet; ihre von den entsprechenden Turbinenreglern her bekannte Wirkungsweise braucht hier nicht weiter ausgeführt zu werden. Eine wenig gedämpfte Ölbremse Q verhindert bei Wechselstrom-reglern ein Vibrieren des Hebels mit der Periodenzahl. Das Klinkengetriebe vermag in dieser normalen Bauart bis zu 3 mkg Drehmoment zu übertragen, in verstärkter Ausführung wird es bis zu 50 mkg Übertragungsfähigkeit

gebaut. Der gesamte Regulierapparat ist billig[20] und in vielen Dauerbetrieben, auch ohne besondere Wartung, bewährt.

Die Einwirkung dieses Servomotors auf den Flüs-sigkeitswiderstand erfolgt durch eine von der Regulier-welle R, z. B. mit Schnecke, betätigte Seilscheibe, um welche das Aufhängeseil (Fig. 17) der ausbalan-zierten Elektroden des Flüssigkeitswiderstandes läuft. Zufolge der fast unbegrenzten Isoliermöglichkeit zwischen Widerstand und Regulator werden Spannungen bis zu 10 000 Volt bewältigt. Der dargestellte Absorptions-regler ist für Einphasenstrom gebaut, einen Pol bildet der Wasserkasten, der deshalb auch von der Kühl-wasserzuleitung sorgfältig isoliert ist. Bei Drehstrom wären entsprechend drei im Dreieck angeordnete Tauch-platten vorhanden.

Eine Ansicht des Regulators selbst zeigt Fig. 18, die alle Details in Übereinstimmung mit der Ansicht Fig. 16 erkennen läßt. Der Antrieb des Schaltwerkes erfolgt durch Zahnradvorgelege von dem an die Grund-platte gehängten $1/10$ bis $1/20$ PS-Gleichstrommotor; das

Fig. 18. Winde zum Thury-Absorptionsregler. Übertragungs-fähigkeit 3 mkg Drehmoment. (H. Cuénod A.-G.)

auf der Regulierwelle sitzende Handrad kann nach Arretierung des Hebels E mit einer drehbaren Gabel sogleich zur Handregulierung benutzt werden.

Für kleinere Leistungen und besonders Gleich-strom, wo Flüssigkeitswiderstände unangenehm sind, wird der Bremsregler mit Metallwiderständen ver-sehen, deren Stufenschalterkurbel auf die Welle R aufgesetzt ist. Die einzelnen Stufen werden einander parallel geschaltet, kennzeichnend für die gediegene Durchkonstruierung der Thuryapparate ist die dort an der Kontaktkurbel angebrachte magnetische Fun-kenlöschung zur größeren Schonung der Kontakte.

Statt die im Netz der elektrischen Anlage gerade überschüssige Leistung in Wärme umzusetzen, läßt sich in besonderen Fällen auch eine „Nutzbremsung" ausführen. Entweder kann man den jeweils über-flüssigen Teil der Turbinenleistung in einer Batterie aufspeichern (vgl. später), oder man kann, wenn die elektrische Anlage im Nebenbetrieb zu anderen An-lagen läuft, diese anderen Kraftverbraucher den Über-

---

[20] Der Regulator ist bereits billiger als ein Zentrifugalpendel von mittlerem Arbeitsvermögen bei ca. 2% Geschwindigkeitsänderung, leistet aber bedeutend mehr. Der in folgender Fig. 18 dargestellte Regler würde z. B. an Arbeitsvermögen die größten normalen Pendel übertreffen.

schuß an Leistung aufnehmen lassen, so daß die Gesamtbelastung konstant bleibt. Für Holzschleiferanlagen sind derartige Einrichtungen bereits von Voith getroffen worden, die mittels eines Öldruckreglers nicht auf den Servomotor der Turbinenregulierung, sondern auf die Anpreßvorrichtungen von Holzschleifern einwirken und die Schleifhölzer gerade immer so viel andrücken, daß die überschüssige Leistung beim Schleifen abgebremst wird.

2. Füllungsregler.

a) Mechanische indirekte Regelung.

Die weitaus meiste Verbreitung und damit auch die größte Zahl von Konstruktionen kommt den Füllungsreglern zu, die ja sozusagen zu einer normalen Turbinenanlage gehören. Ihre Ausführungen sind demzufolge auch so vielfach behandelt und bekannt, daß hier nur auf besondere Formen oder Details näher eingegangen sei.

Mechanische Regler konnten sich trotz einiger vorzüglich durchdachter Systeme der neueren Zeit im allgemeinen keine dauernde Stelle behaupten. Genannt seien die bekannten Riemen-Differentialregler von Schmitthenner (seinerzeit gebaut von Voith) und die Differentialregler mit mechanischer Vorsteuerung von Prof. Thomann (Germania, Chemnitz). Alle solchen mechanischen Regler enthalten eine zu große Zahl bewegter, kraftübertragender Teile und erfordern deshalb sorgfältiger Instandhaltung, wenn sie nicht zufolge der natürlichen Abnutzung „klapperig" werden sollen, abgesehen von langen Schlußzeiten und damit teueren Schwungmassen. Daß sich solche Regler auch in unbedienten Betrieben (z. B. Anlage Königsbronn mit Pfarrschem Regler, Z. f d. ges. Turbw. 1909, S. 579 und Z. d. V. D. Ing. 1892, S. 797) in fast 20 jährigem Laufe bewährten, ist eine Folge von ganz außergewöhnlich präziser Herstellung neben günstigen Betriebsbedingungen.

Unter die rein mechanischen Regulatoren ist auch der in neuerer Zeit für die Füllungsregulierung von Turbinen herangezogene Thuryregler zu rechnen, der in dieser Verwendung am nächsten an den Klinkenregler der Bauart Piccard, Pictet heranreicht. Das Getriebe des Reglers deckt sich vollkommen mit der schon bei Fig. 16 geschilderten Ausführung, soweit geringe Regulierkräfte in Frage kommen. Die Aus- und Einrückung des Klinken-Servomotors besorgt hier statt des Spannungsrelais der genannten Figur ein mit 400 Touren pro Minute laufendes Federpendel, das in einem Gehäuse an Stelle des Spannungsrelais untergebracht ist. Vermöge der geringen, zur Steuerung des Klinkengetriebes nötigen Verstellkraft können dessen Abmessungen sehr klein und seine Empfindlichkeit sehr hoch gehalten werden. Die Schlußzeit eines solchen Reglers beträgt normal allerdings ca. 20 Sekunden bei einer Regulierarbeit von etwa 15 mkg. Meist erfolgt aber die Steuerung auf die gewöhnliche Weise mit dem normalen Spannungsrelais (genau nach der früheren Figur), was ja beim Antrieb von Gleichstromgeneratoren sofort zulässig ist. Bei Wechselstrombetrieben, wo durch Spannungsänderungen infolge von Phasenverschiebung eine Änderung der Drehzahl herbeigeführt würde, dient eine separate kleine Gleichstrommaschine als Tachometer, deren mit der Tourenzahl sich ändernde Spannung wieder das aus Fig. 16 bekannte elektromagnetische Relais — in diesem Falle als Vorsteuerung — beeinflußt.

Geringere Schlußzeiten lassen sich durch eine kleinere Übersetzung zwischen Schaltwelle und Regulierwelle unter Verwendung verstärkter Regler mit größerem Drehmoment erzielen. Eine derartige Ausführung mit einer Übertragungsfähigkeit von 50 mkg zeigt Fig. 19. In Schlußzeiten von einigen Sekunden lassen sich damit schon Regulierarbeiten wie bei kleinen Öldruckreglern bewältigen. Unangenehm bei der Verwendung dieser Regler ist nur die Schwierigkeit, das notwendige Drehmoment nicht verläßlich vorausbestimmen zu können; während man bei Öldruckreglern stets durch Erhöhung des Betriebsdruckes sich helfen kann, läßt sich hier nur eine Vergrößerung der Übersetzung, damit aber eine verlängerte Schlußzeit als

Fig. 19. Thury-Reglergetriebe für 50 mkg Drehmoment.
(H. Cuénod A.-G.)

Abhilfe finden. Für Lichtbetriebe ohne stoßweise Belastungen und besonders an Freistrahlturbinen mit Nadelregulierung ist ohne Zweifel das System gut verwendbar und bis zu 100 PS bereits angeordnet. Für größere Regulierarbeiten wird die Regulierung mit doppeltem Servomotor ausgeführt; der Thuryregler steuert einen Umschalter, mit dem ein auf das Reguliergetriebe wirkender Elektromotor auf Schließen oder Öffnen geschaltet wird.

b) Hydraulische Regelung.

Die am meisten verbreiteten verschiedenen Gattungen der hydraulischen Regler wurden anfangs, besonders an Freistrahlturbinen, mit Druckwasserbetrieb aus der Leitung gebaut. Der Vorzug der weitaus einfachsten Konstruktion ist dabei nicht zu bestreiten, aber leider bringt das verwendete Druckmittel trotz seiner einfachen Beschaffung viel Unzuträglichkeiten mit sich. Das zu verwendende Wasser ist nur ganz selten frei von mineralischen, oft in fast unsichtbarer Feinheit darin suspendierten Teilen, die durch keine Filter zurückgehalten werden können — abgesehen davon, daß Filter eine aufmerksame Instandhaltung erfordern, wenn sie von einigem Nutzen sein sollen. Daraus ergeben sich Erosionen an den Steuerventilen, die zu mangelhaftem Funktionieren, zu Klemmungen des Schwebekolbens und sogar zum Durchgehen der Turbinen führten. Nadeln und anderes gröbere Schwemmsel kann zwar vom Ventil ferngehalten werden, macht aber dafür die Wartung der Filter unangenehmer. Die nicht vorgesteuerten Durchflußregler sind den Ventilen mit Schwebekolben in dieser Beziehung vorzuziehen, als charakteristische und an Unempfindlichkeit mustergültige Konstruktion

sei das Durchflußventil der vereinigten Maschinenfabriken Rüsch-Ganahl in Dornbirn genannt. Die
einstellbare Drosselstelle (vgl. die Fig. 489 in Pfarr,
Turbinen, 1907) und die durch die Steuerstange veränderliche Drosselstelle sind leicht auswechselbar in
einer Metallbüchse vereinigt, Klemmungen sind fast
ausgeschlossen. Derartige Ausführungen lassen sich
auch mit der Turbine in gedrängtester Weise zusammen-
bauen.

Der bei nicht völliger Sicherheit, reines Wasser
zur Verfügung zu haben, immerhin vorhandene Übelstand
der Druckwasserregler führte zur Ausbildung einfachster
Öldruckregler nach dem Durchflußtyp, aus welchen
Fig. 20a einen interessanten Vertreter neuen Datums
der Maschinenfabrik Andritz A.-G. in Andritz zeigt.

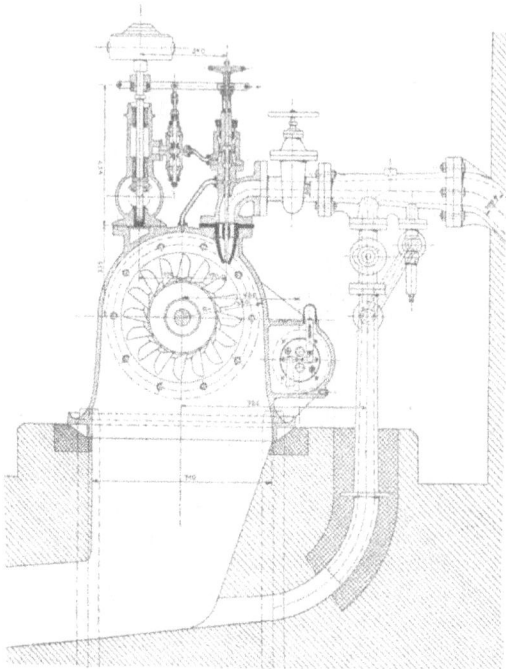

Fig. 20 a. Peltonturbine mit Öldruck-Durchflußregler. $N_I =$
0,00238 PS. $n_I = 92,3$. (Masch.-Fabr. Andritz.)

Neben dem kompendiösen Zusammenbau mit der
Turbine, welche die bemerkenswert geringe spezifische
Drehzahl $n_s = 4,5$ aufweist, ist besonders die Ausbildung
der Steuerung bemerkenswert. Aus einer normalen
Zahnräderölpumpe an der Einlaufseite der Radhaube
mit Umlaufventil gelangt das Drucköl in die obere
Kammer a des Steuerventiles, Fig. 20b und gleich-
zeitig auf die obere Fläche des Differentialkolbens der
Düsennadel. In die Ventilspindel f sind Rillen eingearbeitet, derart, daß an den Stellen d, e eine negative
Überdeckung von Bruchteilen eines Millimeters vorhanden ist. Durch diese Rillen stehen die Kammern a,
b und c des Gehäuses in Verbindung, so daß in der Mittellage des Pendels die Spalten d und e gleich sind. Das
Preßöl mit dem Druck von p Atm. strömt durch die
Rillen nach dem drucklosen Raum c und verliert an den
beiden Drosselstellen e und d je die Hälfte seines Druckes,
so daß in b und damit auch auf der Unterfläche des
Kolbens der Druck $\frac{p}{2}$ herrscht. Die Kolbenflächen
verhalten sich wie 1 : 2, die Reguliernadel ist somit
im Gleichgewicht. Hebt sich nun bei zu raschem Lauf
die Ventilspindel f, so wird die Drosselung und dem-
entsprechend der Druckabfall bei e größer als bei d,

in b ist nun der Druck kleiner als $\frac{p}{2}$, der Kolben wird
nach unten gedrückt und schließt die Düse. Es ist
ohne weiteres ersichtlich, daß diese Anordnung trotz
ihrer Einfachheit wegen des geringen Verstellungsweges
eine hohe Empfindlichkeit besitzen muß, sie hat sich
auch in öfterer Ausführung bestens bewährt. Auf die
Seitenschilder der Turbine, welche, die Welle röhren-
förmig bis zur Radnabe vor dem Spritzwasser schützend,
einen Wasseraustritt verhindern und das Rad zugleich
belüften, sei noch hingewiesen.

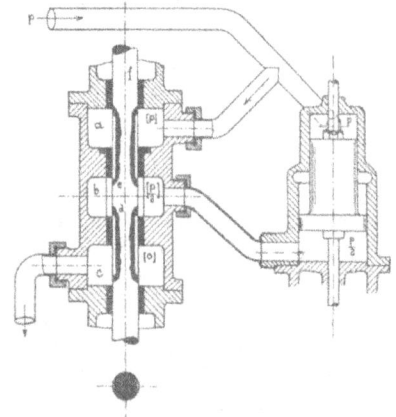

Fig. 20 b. Durchfluß-Steuerventil zur Peltonturbine Fig. 20 a.

In dem Bestreben, die hydraulische Regulierung
möglichst zu vereinfachen und zu verbilligen, dabei
aber doch alle Anforderungen in bezug auf fast isodromen
Gang und Schwingungsfreiheit auch bei langen Rohrleitungen zu befriedigen, hat die Prager Maschinenbau-
A.-G. vor etwa zwei Jahren im Elektrizitätswerk Saalfelden eine neuartige R e g e l u n g o h n e R ü c k -
f ü h r u n g oder gar zweite Kompensation mit bestem
Erfolg erprobt und auch seither als normalen Typ ausgebildet, die hier durch das Entgegenkommen des
Konstrukteurs, Herrn Oberingenieur Siegmund, dargestellt werden kann.

Das Werk Saalfelden enthält zwei mit Drehstromgeneratoren der Österreichischen S. S. W. für 3000 Volt
direkt gekuppelte Peltonturbinen für je 80 PS bei
1000 Touren unter 106 m Gefälle. Der mittlere Rad-
durchmesser des von zwei Düsen beaufschlagten Laufrades beträgt 390 mm. Die Wasserzuführung erfolgt
durch eine Mannesmannrohr-Leitung von ca. 1000 m
Länge und 300 mm l. W., woraus sich bei Vollast einer
Turbine eine Wassergeschwindigkeit von rd. 1,1 m/sek
und bei 2,6 Sek. Schlußzeit ohne Nebenauslaß eine

Drucksteigerung um 61% ergäbe $\left(\text{aus } h = \frac{3}{2} \cdot \frac{L\,v}{g\,T}\right)$.

Die Räder haben je 16 einzeln aufgeschraubte Schau-
feln (Fig. 21) aus Spezialbronze, deren Eintrittskanten
in der relativen Bahn des eintretenden Strahles einge-
fräst sind und zwei an den Spitzen unter einem gewissen Winkel zusammenstoßenden halben Eierschalen
gleichen, die runden Düsen sind mit polierten Nadeln
regulierbar.

Die Regelung erfolgt durch ein normales Zentrifugalpendel, dessen Hebel (Fig.22), in der Mitte von Hand
verstellbar (zur Tourenänderung), drehbar gelagert ist
und dessen Ende den Vorsteuerstift der nach dem
Durchflußprinzip arbeitenden Vorsteuerung trägt. Dieser
Vorsteuerstift sowie der eigentliche Steuer-Kolbenschieber
sitzen nun nicht in einem eigenen Ventilgehäuse, sondern,

wie auch die Abbildung erkennen läßt, im Zylinder des Treibkolbens selbst, und zwar ist der Steuerkolben in den Treibkolben hineingebaut. Dieser trägt eine oben aus dem Zylinder herausragende Verlängerung, die als Drucköłraum dient und in welcher der Durchflußkolben der Vorsteuerung gleitet. Der Kolbenschieber gibt durch seine Bewegung Kanäle, die im Treibkolben eingearbeitet sind, frei, und läßt das Drucköl so über

macht werden könnte, wenn nur der Ungleichförmigkeitsgrad des Pendels entsprechend groß gemacht würde, was jedoch wegen der großen bleibenden Tourendifferenz unzulässig ist. Das Pendel ist deshalb nur wenig statisch (1 bis 2% Tourendifferenz); während eines Reguliervorganges erhöht sich jedoch der Ungleichförmigkeitsgrad vorübergehend, indem mit dem Muffenhub wachsende vorübergehende Zusatzkräfte er-

Fig. 21.
Peltonrad der Prager M.-A.-G.

Fig. 22 a.

Fig. 23.
Öldruckregler mit „doppelter
Schwebekolben-Steuerung".
(Prager M.-A.-G.)

Fig. 22 b. Peltonturbine mit hydraulischer Regulierung
ohne Rückführung. (Prager M.-A.-G.)

oder unter den Treibkolben treten; letzterer eilt dem Steuerkolben nach und schließt selbst diese Kanäle wieder ab, indem er sie mit den steuernden Kanten des Kolbenschiebers zur Deckung bringt. Dieser »Servomotor mit doppelter Schwebekolbensteuerung" ist zum Patent angemeldet.

Die zweite Neuerung beruht in der Dämpfungsvorrichtung zur Erzielung schwingungsfreien und fast isodromen Ganges.

Die Vorrichtung beruht auf dem Gedanken, daß jede Regulierung aperiodisch und schwingungsfrei ge-

zeugt werden. Dies geschieht durch Federn, die durch Vermittlung eines Ölkataraktes (im Gehäuse am Pendelständer) nachgiebig mit der Muffe verbunden sind. Damit nun einerseits aperiodische Regulierung bei Vermeidung zu großer Tourenabweichung, anderseits absolut stabiler Zustand bei konstanter Belastung erzielt wird, sind mehrere Federgruppen von verschiedener Federung angeordnet, die nacheinander zur Wirkung kommen (Pat. ang.). Bei dieser Anordnung besteht das Reglergestänge also nur aus einem Hebel, dessen Drehpunkt durch ein Handrad gehoben oder gesenkt werden kann.

3

Am Turbinengehäuse sitzt auch die mittels Öldruck gesteuerte Druckregulierung (Nebenauslaß), die in bekannter Weise von der Steuerung beeinflußt wird.

Das Drucköl liefert ein zu jeder Turbine gehöriges Pumpenaggregat, bestehend aus Ablaufreservoir, eingebauter Kapselpumpe und Druckwindkessel. Die Gefahr eines Versagens der Anlage ist gering, da die Luftversorgung des Windkessels selbsttätig geschieht, indem Leitungen mit engen Drosselquerschnitten, die dem Öl einen großen, der Luft einen geringen Widerstand bieten,

(11,6% max. Drucksteigerung); bei plötzlicher Entlastung um 95% eine bleibende Tourendifferenz von 2%, eine maximale von 6%, einen Druckverlauf von 107 bis 133 bis 113 m (maximal 20,2%); bei schnellstem Belasten um 80% eine bleibende Tourenänderung von 1,6%, eine maximale von 8%, einen Druckverlauf von 113 bis 81 bis 119 m (maximal 20,3%). Die Druckregulierung war dabei auf geringste Schlußzeit eingestellt, die Schlußzeiten des Reglers betrugen 2,4 bzw. 2,6 Sek., die Öffnungszeit 2,8 Sek.

Fig. 24. Löffelrad mit Öldruckregler. $N_1 = 0,295$ PS; $n_1 = 39, 45$. (Leobersdorfer Masch.-Fabr. A.-G.)

einerseits vom Windkessel (am tiefsten zulässigen Ölstand), zum Ablaufreservoir, anderseits vom Ablaufreservoir (beim tiefsten zulässigen Ölspiegel) zum Saugraum der Pumpe führen. Bei Luftüberschuß im Windkessel (Sinken des Ölspiegels im Windkessel) strömt also Luft in das Reservoir ab, bei Luftmangel im Windkessel (Sinken des Spiegels im Reservoir) wird Luft aus letzterem durch die Pumpe in den Windkessel befördert.

Versuche ergaben: bei plötzlicher Entlastung um 50% eine bleibende Tourendifferenz von 1%, eine maximale Tourensteigerung um 6% bei einem Druckverlust in der Rohrleitung von 112 bis 123 bis 113 m

Die Erreichung solch günstiger Ergebnisse (eine Tourendifferenz von 1 bis 2% ist ja nie fühlbar, bei Wechselstrom-Parallelbetrieb sogar trotz Isodromvorrichtungen nötig und erfordert dann sehr verwickelte Kuppelungen zwischen den Rückführungen der einzelnen Regler) ohne jegliche Vorrichtung mit der aus den Fig. 22 hervorgehenden wohltuenden Einfachheit ist ein nicht zu unterschätzender Fortschritt für den Bau kleinerer Turbinen.

Für getrennte Aufstellung hat die Prager M.-A.-G. auf Grund der hier gemachten günstigsten Erfahrungen eine Type nach Fig. 23 eingeführt. Der Regulator ist bezüglich hydraulischer Steuerung und Dämpfung mit dem Vorigen grundsätzlich identisch. Ein Windkessel fehlt hier, alle Teile sind an dem als Reservoir dienenden Ständer anmontiert. Im Beharrungszustand arbeitet die Pumpe mit reduziertem Druck. Die Bedienung ist sehr einfach, so ist z. B. nur ein einziges Absperrorgan (Hahn) vorhanden. Die Arbeitsfähigkeit der dargestellten Type kann bis 150 mkg bei 2 Sek. Schlußzeit gesteigert werden. Bemerkenswert ist der geringe Platzbedarf von 400 × 400 mm Grundfläche bei nur ca. 340 kg Gewicht (einschl. Handregulierung). Da außerdem, wie erwähnt, auch der Ölstand, bzw. das Luftvolumen im Windkessel, sich selbsttätig regelt, ist jede Wartung überflüssig. Eine mit diesem Regler ausgerüstete Anlage (Hohenbruck bei Königgrätz) mit einer Francisturbine von 22 PS unter 1,75 m Gefälle bei 100 Touren arbeitet denn auch, die ganze Nacht sich selbst überlassen, mit automatischer Regulierung auch des Generators versehen, im vollen Sinn als „unbediente Anlage".

motor auf der Haube nach Fig. 24 ist an sich bekannt; an den doppelten Einlauf ist weiter noch das reichlich bemessene Sicherheitsventil mit Federbelastung angebaut. Die Druckerzeugungsanlage ist, gleichfalls mit dem Aggregat vereinigt, auf einen Einlaufkrümmer aufgesetzt, im Auflagersattel den Ölbehälter enthaltend. Eine zweizylindrige Plungerpumpe drückt das Öl auf die obere Seite des Akkumulatorstempels, dessen Unterfläche unter dem Wasserdruck der Rohrleitung steht. Diese auch bei zentralisierten Druckerzeugungsanlagen bereits gewählte Konstruktion gestattet die Druckanlage kleiner zu halten als bei Windkesseln, da nicht wie dort ein Sinken des Druckes entsprechend der herausgepreßten Ölmenge eintritt; in dem Maß, wie ferner der Rückdruck der Steuerorgane (Drehblenden) auf den Servomotorkolben zufolge der Druckschwankungen bei Ent- oder Belastung schwankt, nimmt auch der wirksame Öldruck ab oder zu, so daß die Differenz

Fig. 25. Spiralturbine mit getrenntem Regler und Druckregulator.
(J. M. Voith, Heidenheim und St. Pölten.)

Was den Zusammenbau der Regulierung mit der Turbine anlangt, so dürfte bei Freistrahlturbinen eine organische Vereinigung beider Teile den Vorzug verdienen; hier läßt sich stets eine solche Anordnung finden, daß das gesamte Reguliergetriebe beim Ausbau des Laufrades unberührt bleiben kann. So läßt sich entweder die obere Hälfte der Haube mit allem darauf Befindlichen bei nicht sehr großen Maschinen als Ganzes abheben (Fig. 24), oder entsprechend ausgebildete Seitenschilder bieten die nötige Zugänglichkeit, wie bei dem Rad Fig. 20.

Eine zweckmäßige Vereinigung von Turbine, Regulierung und Drucköl anlage ist von der Leobersdorfer Maschinenfabrik A.-G. in den Löffelrädern für das Elektrizitätswerk Sterzing ausgeführt worden.[21]) Der Aufbau von Pendel (in besonderer Ausführung der Firma mit allseitiger Lagerung auf Schneiden), Steuerventil mit vorgesteuertem Schwebekolben und Servo-

beider Drücke, die wirksame Verstellkraft, stets konstant bleibt. Dies kann die Regulierung nur günstig beeinflussen. Eine höhere Tourenzahl hätte die Billigkeit des elektrischen Teiles wesentlich gefördert.

Ein solcher Zusammenbau bietet noch den Vorteil, von der bei billigen Anlagen oft nicht großen Genauigkeit der Fundierung und von deren nachträglichem Setzen oder Wachsen, wie solches bei schlechtem Material und großer Bodenfeuchtigkeit vorkommen kann, unabhängig zu sein. Bei Francisturbinen in Spiralgehäuse bringt ein Zusammenbau von Regulator und Turbine allerdings den Mißstand mit sich, daß ein Öffnen des Leitraddeckels meist eine mehr oder weniger durchgreifende Demontage des Reguliergetriebes fordert, wogegen beim getrennten Aufbau und bei zweckmäßiger Anordnung alle Regulierteile unberührt verbleiben können.

Als moderner Typ der getrennten Bauart sei die kleinere Voithsche Spiralturbine (Fig. 25) erwähnt, deren Regler auch mit der verhältnismäßig einfachen Rück-

[21]) Dr. Baudisch, Das Elektrizitätswerk Sterzing. Z. d. österr. Arch.- u. Ing.-V. 1910, H. 30, Sonderdr.

führung mit verstellbarer Tourendifferenz ausgestattet ist. Vom Regler wird außerdem noch unter Zwischenschaltung eines Kataraktzylinders das Druckregulierventil betätigt, das durch Gewichtswirkung wieder schließt. Von ähnlich einfacher Bauart wie dieser Regler ist auch z. B. jener der Maschinenfabrik Andritz, gleichfalls mit veränderlicher Tourendifferenz durch Ölkatarakt und Feder, ohne Komplikation, versehen. Originell ist hieran die Einschaltung der Handregelung, die in jeder Stellung ohne Nachdrehen des Handrades möglich ist; die Handradwelle mit Schnecke sitzt in einer exzentrischen Führung und kann durch deren Drehung mit jedem beliebigen darunter stehenden Zahn des Schneckenrades in Eingriff gebracht werden, welch letzteres durch Trieb und Zahnstange auf die Regelwelle wirkt.

Fig. 26. Spiralturbine mit angebauter Regulierung.
(Allis Chalmers Co.)

Daß auch beim Aufbau der Regulierung auf die Turbine deren Inneres ohne jede Demontage erreichbar bleiben kann, zeigt die in ihrer Zusammenstellung unwillkürlich an schweizerische Vorbilder erinnernde Spiralturbine der Allis Chalmers Co. in dieser Zeitschrift, die hier zur Gegenüberstellung in Fig. 26 wiederholt sei.

Druckregler mit Steuerung vom Servomotor dürften nur bei den höchsten Ansprüchen nötig sein, besonders bei Anordnung von zwei oder mehr Turbinen kann mit Vorteil ein gemeinsamer Druckregler — wenn man sich mit einem einfachen Sicherheitsventil nicht begnügt — auch mit hydraulischer Steuerung (Manometersteuerung) versehen, auf das Zuleitungsrohr selbst aufgesetzt werden, seine Wirkung tritt dann auch bei Druckstößen, die nicht von den Turbinen herrühren (beim Anfüllen oder bei Stößen von einer angeschlossenen Nutzwasserleitung[22]) her), ein.

In manchen Fällen ist auch eine Begrenzung der Regulierung je nach der verfügbaren Kraftleistung erwünscht. Sobald die Belastung größer würde als der augenblicklichen Zuflußmenge entspricht, würde der Regler die Turbine allmählich voll öffnen und das Wasser „durchfallen" lassen; bei einem gewissen niedrigsten

---

[22]) In kleinen Anlagen mit hohen Wassergeschwindigkeiten macht sich dies oft recht unangenehm bemerkbar, wenn an Schwungmassen gespart ist.

Wasserstand muß also der Regler am Weiteröffnen gehindert werden, so daß das Mehr an Kraft der Batterie oder anderen Stromerzeugern zufällt.

Die konstruktiv einfachste Anordnung mit Schwimmer und Seilzug, die daher allerdings hauptsächlich bei offenen Turbinen oder geringen Rohrlängen in Frage kommt, stellt der „S c h w i m m e r r e g l e r" dar, der später im Zusammenhang (S. 27) beschrieben wird.

Speziell bei längeren Rohrleitungen oder Kanälen bietet die Voithsche „F e r n s c h w i m m e r - V o r r i c h t u n g" nach Fig. 27a einen interessanten und betriebssicheren Ausweg. Eine Luftpumpe e fördert dauernd Luft unter eine Schwimmerglocke g im zum Teil wassergefüllten Kessel d und gleichzeitig in eine Gasrohrleitung a, die (zweckmäßig in der Turbinenleitung verlegt) vor dem Rechen in das Oberwasser eintaucht.

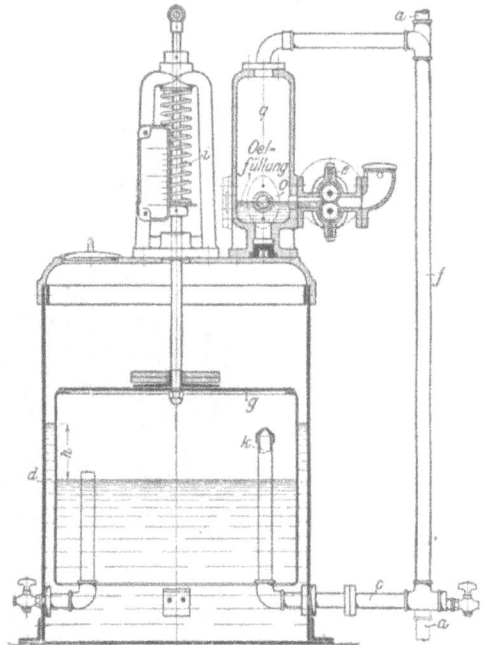

Fig. 27 a. Voith'sche Fernschwimmer-Vorrichtung.

Die Luft in der Hilfsleitung und somit auch unter der Glocke g steht also unter einem Druck, der (in mm Wassersäule) gleich ist der Eintauchtiefe des Rohres ins Oberwasser und der die Glocke entgegen einer Spiralfeder und ihrem Eigengewicht zu heben sucht. Sinkt der Wasserspiegel, so sinkt auch der Luftdruck unter der Glocke, diese geht nach unten und bewirkt durch die in Fig. 27b ersichtliche Hebelübertragung eine Hemmung der Pendelmuffe im Sinne des Weiteröffnens, während sie dem Schließen kein Hindernis bietet. Steigt das Oberwasser, so steigt auch der Luftdruck, Glocke g geht höher und läßt die Muffe erst bei einer tieferen Stellung aufliegen. Durch eine Rohrabzweigung, die hinter dem Rechen etwas tiefer als das Regelrohr vor demselben eintaucht, wird bei Verlegung des Rechens durch Laub, Eis o. dgl. erreicht, daß trotz normaler Wasserhöhe vor dem Einlauf doch die Turbine abgestellt wird und ein Durchdrücken des Rechens bei Leerlaufen der Rohrleitung durch die Turbine nicht eintritt. Die Vorrichtung arbeitet so genau, daß das Oberwasser von Leerlauf bis zur höchstzulässigen Belastung nur um 60 bis 70 mm schwankt.

In Drehstromanlagen ist diese Art der Regelung ohne weiteres anwendbar, weil hier bei einer zu großen Belastung, also beim Sperren des Reglers für weiteres Öffnen, der eintretende Tourenabfall allein die zuvel verlangte Belastung auf die anderen Generatoren, die nicht von der gleichen Wasserkraft getrieben werden, überwälzt (ein Beispiel für diesen Betrieb s. S. 25). Auch wenn eine Gleichstromdynamo z. B. mit fest eingestellter Erregung eine Batterie ladet, wird ihre Energieabgabe durch die gezeigte Vorrichtung bei Wassermangel verringert.

Ist dagegen die Gleichstromdynamo mit einem automatischen Nebenschlußregler ausgerüstet, so würde beim Eingreifen der Schwimmervorrichtung — also folgendem Tourenabfall — jener doch wieder auf normale Spannung regulieren, der Schwimmer müßte die Turbine noch weiter schließen und beide Regler würden sich so lange entgegenarbeiten, bis der Nebenschlußregler die maximale Erregung eingestellt hätte und am Hubende angekommen wäre. Diese Verzögerung in der Wirkung — abgesehen von unnötiger Erwärmung des Generators und ev. Funkenbildung am Kollektor — der übererregten und zu langsam laufenden Dynamo läßt sich umgehen durch Beeinflussung des Nebenschlußreglers von der Schwimmervorrichtung aus bei normaler Regelung der Turbine auf konstante Drehzahl. — Eine derartige Ausführung, die auf größte Einfachheit und Billigkeit abzielt, wird z. B. derzeit nach einem Entwurf des Verfassers für eine völlig unbediente Anlage von den Bayerischen Elektrizitätswerken Landshut ausgeführt. Der Nebenschlußregler stellt normal eine beliebige, von ferne durch einen Hilfsdraht einstellbare Spannung im Konsumgebiet (hier an der Schalttafel der Hauptzentrale) her. Bei Wassermangel wird vermittelst einer im Turbinenhaus an die Druckrohrleitung angeschlossenen Kolbenvorrichtung, die den Schwimmer bei offen eingebauter Turbine ersetzt, die Erregung des Generators entsprechend vermindert, d. h. die Anlage entlastet, sobald der Oberwasserspiegel unzulässig zu sinken beginnt, und umgekehrt.

Eine weitere Möglichkeit bei Anlagen mit Kraft- oder Heizstromabgabe wäre, nicht ständig benötigte Stromverbraucher, wie Pumpen, Heizvorrichtungen o. dgl. durch eine auf den Wasserstand reagierende Einrichtung ein- und ausschalten zu lassen.

c) Direkte Regelung.

Von einer nicht zu unterschätzenden Bedeutung für kleine und kleinste Anlagen mit Freistrahlturbinen ist wegen ihrer Einfachheit, Billigkeit und Unempfindlichkeit noch besonders eine Anordnung, der leider von vielen Seiten mit Geringschätzung begegnet wird, die direkte Regulierung.

Bis auf die Anfänge der Turbinenregulierung zurückreichend (vgl. Girardturbine mit Drosselschieber von Ig. J. Rüsch in Budau, Regulierung III, S. 23, welche 20 Jahre in Betrieb stand), ist die direkte Regulierung seit der Vervollkommnung der übrigen Regulatoren von vielen Seiten ganz vernachlässigt worden, obwohl sie in ihrer Anspruchslosigkeit gerade für unbediente Anlagen wie geschaffen ist. Ein derart reguliertes Peltonrad von ca. 20 PS unter 175 m Gefälle

von Rüsch mit einem durch ein verhältnismäßig mächtiges Gewichtspendel beherrschten Kolbenschieber als Drosselorgan hat lange Jahre in Rotholz zur Zufriedenheit gearbeitet. Der dort neben einem Sicherheitsventil vorhandene Windkessel ist mit einer durch einen Hand-

Fig. 27b. Turbine mit Fernschwimmer-Regulierung (J. M. Voith).

hebel zwangläufig zu bedienenden Belüftungsvorrichtung versehen. Eine andere Ausführung der Firma zeigt

Fig. 28. Direkt regulierte Girard-Turbine mit äußerem Einlauf. (Rüsch-Ganahl, $H = 215$ m, $N = 7$ PS, $n = 1300$.)

— 22 —

Fig. 28 in einem Girardrad einer Villenanlage; sie leistet unter 215 m Gefälle bei 1300 Touren 7 PS. Die Regulierung erfolgt hier durch Drosselung mittels eines Drehschiebers; diese Figur läßt noch die typische Einfachheit, die bei solchen Anlagen mit Compoundgeneratoren möglich und erstrebenswert ist, erkennen.

Fig. 29. Direkt regulierte Peltonrad-Anlage. ($H = 300$ m, $N = 30$ PS; J. M. Voith.)

Auch für größere Leistungen wurde die genannte Konstruktion unter Verwendung von direkt auf die Welle gesetzten Achsenreglern bis zu 200 PS und über 600 Touren ausgeführt.

Ein Peltonrad mit 30 PS unter ca. 300 m Gefälle von Voith, St. Pölten, gibt Fig. 29. Das Pendel wirkt

Fig. 30. Peltonrad mit Handregulierung (J. M. Voith).

hier auf eine Drehblende (wie bei Fig. 30), deren Drehpunkt mit Rücksicht auf möglichste Entlastung der Regulierung vom Wasserdruck angenommen ist. Der Reglerhebel, dessen große Länge wohl aus Rücksicht auf genügenden Abstand der Antriebsscheiben nötig war, trägt an seinem Drehpunkt eine Tourenstellvorrichtung. Am Einlaufkrümmer ist ein federbelastetes Sicherheitsventil angebaut. Die Anlage (mit Gleichstrom-Compounddynamo) arbeitet seit etwa sechs Jahren im ununterbrochenen Dauerbetrieb (nur Sonntags stillstehend) sehr zufriedenstellend, trotz der

ständigen Belastungsstöße, die ein Motor für ein Sägegatter und eine Hobelmaschine verursacht.

Direkt regulierte Peltonräder baut auch als normale Ausführung die Maschinen- und Armaturenfabrik vorm. H. Breuer in Höchst a. M. in Größen bis zu $N_1 = 0,0312$ PS bei einer Drehzahl von $n_1 = 71$ (beides in 1 m Gefälle), das sind beispielsweise unter 300 m Gefälle maximal 162 PS bei 30 mm Düsendurchmesser. Eine Nachrechnung zeigt, daß bei zweckmäßig konstruierten Drehblenden, wie sie z. B. die Breuerturbine in dieser Z. 1907, Heft 33, zeigt, die auftretenden Kräfte sich ganz gut mit den gebräuchlichen Zentrifugalpendeln bewältigen lassen können. Für den oben genannten Größtfall von 7,07 qcm Düsenfläche bei 30 Atm. beträgt der Wasserdruck auf die Blende in radialer Richtung bei „ganz geschlossen", also im Größtwert, 212 kg und die zur Überwindung der Zapfenreibung nötige Kraft am Angriffspunkt des Gestänges somit etwa 1,52 kg. Nimmt man noch 20 kg an diesem Punkt für die Reibung zwischen Blende und Düsenmündung an — wohl reichlich gerechnet —, so kommt man auf eine notwendige Verstellkraft des Pendels von rd. 21,5 kg, was ja noch weit innerhalb des Bereiches der katalogmäßigen Pendel liegt. Bei größeren Öffnungen ändert sich die benötigte Verstellkraft nicht wesentlich, da der variable Wasserdruck auf die Blende den kleinsten Beitrag liefert. Die Reguliergenauigkeit wird von der Herstellerin bei Entlastungen um 50% auf ca. 5% angegeben, bei 25% Entlastung auf 2,5%, was bei vielen Anlagen vollauf genügen kann.[23])

Ein kleines solchermaßen reguliertes Peltonrad gibt Fig. 31 in direkter Kupplung mit einer Dynamo und verhältnismäßig schwerem Schwungrad. Auch Nadeldüsen werden für direkte Regulierung ausgeführt; die Spindel erhält dann ein sehr steiles Gewinde, so daß sie in Bruchteilen einer Umdrehung bereits völlig schließt, und trägt statt des gewöhnlichen Handrades eine Kurbel, an der die Zugstange vom Pendel her angreift. Bei dieser Anordnung (Fig. 32) dürfte aber die Genauigkeit der Regulierung nicht unbeeinflußt vom Zustand der Stopfbüchse, durch welche die Spindel austritt, sein. Zwei Düsen werden, wo dies nötig ist, vom Pendel beherrscht, indem ihre Kurbeln durch eine Kuppelstange verbunden werden, in deren Mitte die Regelstange mit einem Kugelzapfen angreift.

Der direkten Regulierung zuzurechnen ist endlich noch die Regelung durch Verminderung des Sauggefälles bei Überdruckturbinen, die sog. Luftregelung. Durch ein vielfach horizontales Pendel wird direkt ein Ventil gesteuert, das eine entsprechende Menge Luft hinter dem Laufrad einzutreten gestattet. Aus den bekannten Beziehungen

$$n'/n = \sqrt{H'}/\sqrt{H}$$

bei der jeweils normalen Leistung sowie daraus, daß die Leerlaufstourenzahl im verminderten Gefälle

$$n'' = ca.\ 1,8 \cdot n'$$

[23]) Vgl. das früher über Regulierungen allgemein bemerkte.

ist, folgt sofort für die Forderung, daß im verminderten Gefälle die Turbine gerade noch leerlaufend auf ihre normale Drehzahl kommen soll, daß also $n'' = n$ sei:

$$H' = \frac{n''^2}{1,8^2 \, n^2} \cdot H = \frac{H}{1,8^2} = \text{ca. } 0,31 \cdot H;$$

d. h. wenn die Turbine auch bei voller Entlastung nicht durchgehen darf, so müssen solchen Falles rd. $^2/_3$ des Gefälles vernichtet werden, das Sauggefälle muß $^2/_3$ des ganzen Gefälles betragen.

d) Beispiele kleinerer Anlagen und besonderer Anordnungen.

Nachdem die wichtigsten weniger allgemein angewendeten oder abnormalen Konstruktionen besprochen wurden, soweit sie auf die Turbinen Bezug hatten, mögen noch einige interessante Turbinenanlagen eingeschoben werden.

Bemerkenswert sind die erfolgreiche und einfache Anwendung von Ejektoren, über deren praktische Ausführungen überhaupt noch wenig an die

Fig. 31. Direkt regulierte Peltonturbine mit Drehblende (Breuer, Höchst a. M.).

Fig. 32. Direkt regulierte Peltonturbine mit Nadelregulierung (Breuer, Höchst a. M.).

Konstruktiv ist es wohl vorzuziehen, die Luft an mehreren um den Umfang des Saugrohrbeginnes angebrachten Stellen eintreten zu lassen, um Wirbel und stark veränderliche Strömungszustände, die ein Schwanken der Drehzahl erzeugen können, möglichst zu vermeiden. Eine derartige Ausführung der Braunschw.-Hannoverschen Maschinenfabrik in Alfeld findet sich in Pfarr, Tafel 38, abgebildet. Diese Luftregelung ist allerdings das billigste Mittel für Francisturbinen, dürfte es aber in Hinsicht auf die erreichbare Genauigkeit wohl kaum mit den anderen Reguliermethoden aufnehmen können, abgesehen von der genannten Beschränkung bezüglich der Höhenlage der Turbine.

Eine Sonderausführung, bei welcher das Luftventil von einem auf der Turbinenwelle sitzenden Flachregler gesteuert wird, stellt die Merseburger Maschinenfabrik her; hierbei wird anscheinend auch der Regulierwiderstand der Dynamo durch das Regelgetriebe beherrscht, so daß die Tourendifferenz zwischen Leerlauf und Vollast und gleichzeitig auch der Spannungsabfall der Dynamo kompensiert wird. Details hierüber konnten leider noch nicht erhalten werden.

Öffentlichkeit gedrungen ist, und die damit erzielten guten Erfahrungen von seiten der Maschinenfabrik Andritz.

Bereits in der wegen ihrer originellen Verwendung einer Vertikalturbine besprochenen Anlage Gersdorf, vgl. Fig. 7, fallen die vier reichlich großen Entleerungsventile in den Saugrohrkrümmer auf; es war dies der erste im Jahr 1907 zur Erprobung der Ejektorwirkung unternommene Versuch. Das normal 2,3 m betragende Gefälle der Anlage sinkt bei Hochwasser trotz gleichzeitiger Stauung im Oberwasser bis auf 0,8 m, wobei die Turbine von 54 PS Normalleistung bei 1200 mm Laufraddurchmesser etwa 10 PS bei verminderter Drehzahl abgeben konnte. Die Ejektorschläuche waren in der denkbar einfachsten Weise ohne besondere Glättung nur mit gehobelten Modellen im Beton ausgespart, nicht mit Düsen versehen; trotzdem steigerten sie die Leistung der Turbine auf 20 PS sogar bei Einhaltung der normalen Tourenzahl von 67,5, also um mehr als 100%. Es ist dies besonders in Anbetracht des primitiven Charakters der Ejektoren bemerkenswert, die nicht einmal als Düsen (konisch), sondern nur als gewöhnliche Entleerungsleitungen ausgebildet waren und auch dem Wasser einen denkbar unbequemen Weg mit doppelter Krümmung und hohen Reibungswiderständen boten.

Zufolge dieser guten Erfahrungen hat genannte Firma die Ausführung von Ejektoranlagen weiter durchgebildet und in einer Reihe von Fällen ausgeführt. Der Typus einer solchen vollkommenen Anordnung ist in der Anlage Gleinstätten, Fig. 33, gegeben. Es sind gleichfalls vier in die Erweiterung des Saugrohres mündende Düsen vorgesehen, die nunmehr mit Rücksicht auf hydraulisch beste Verhältnisse durchgebildet sind.

Was an den geschilderten Ejektoranlagen von besonderem Interesse sein dürfte, ist die Einfachheit der angewendeten Mittel, ohne jede Spezialkonstruktion des Saugrohres, in denkbar billigster Weise. Man vergleiche damit die in Patentansprüchen gebrachten komplizierten Anordnungen (vgl. auch den Entwurf von Herschel in dieser Zeitschrift 1909, S. 177), wobei meist das Saugrohr ganz nach Art einer Strahlpumpe ausgebaut — oder vielleicht „verbaut" ist. Bei Nichtgebrauch der Anordnung müssen dann unvermeidliche, wohl beträchtliche Verluste mit in Kauf genommen

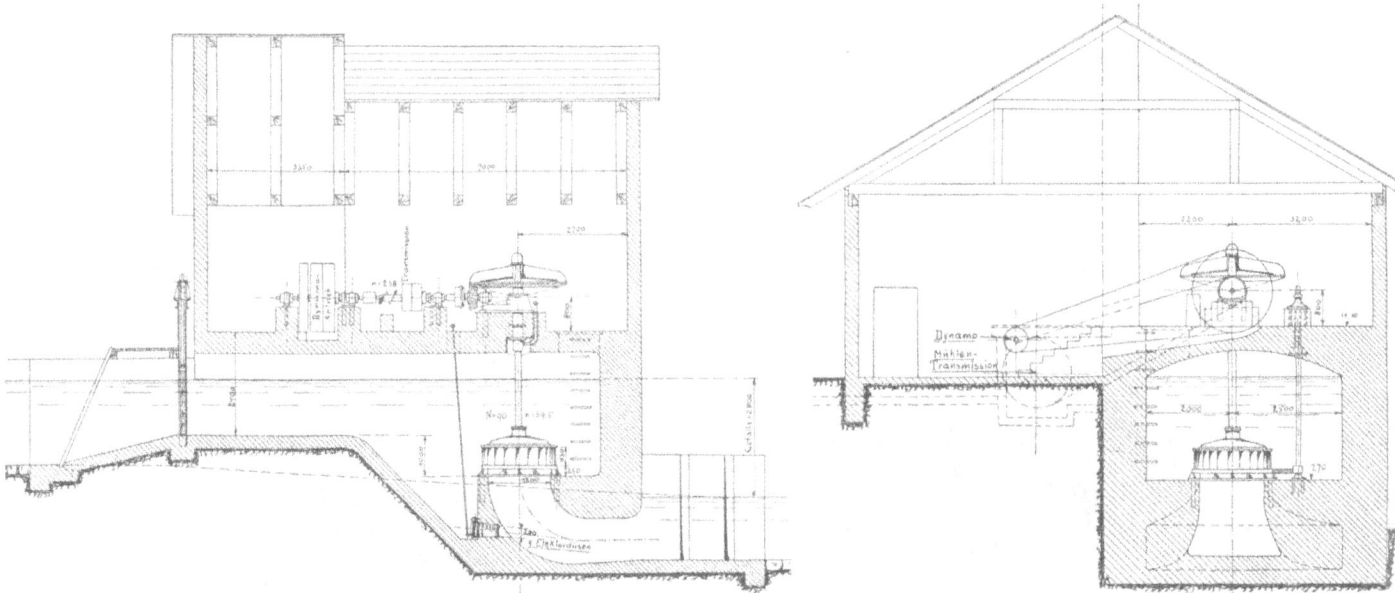

Fig. 33. Anlage Gleinstätten mit Ejektoren. $H = 2{,}80$ m; $N = 90$ PS; $n = 59{,}5$. (Masch.-Fabr. Andritz.)

Von einem besonderen Vorbecken aus führen vier konisch zulaufende, vorn mit Mundstücken aus Metall versehene und durch Klappen verschließbare Düsen genau in die Achse des Saugrohrkrümmers, der sonst die gewöhnlichen Verhältnisse zeigt. Die totale Austrittsöffnung der Düsen beträgt nur ca. 14% der Saugrohr-Eintrittsfläche. Durch den Einbau der Ejektoren ist vor allem ein gutes, allmähliches Zuströmen des Wassers mit geringsten Krümmungs- und Reibungsverlusten gewährleistet. Die Turbine mit den Konstruktionsdaten: 2,80 m Gefälle, 90 PS, 95,5 Touren ergab bei einer Gefällsverminderung auf 25% des Normalen noch bei normaler Drehzahl eine Leistung von 15 PS, obgleich sie ohne Anwendung von Ejektoren schon nicht einmal mehr im Leerlauf auf die normale Drehzahl gekommen wäre — diese würde, je nach Laufradbauart, bei etwa 31 bis 35% des Normalgefälles gerade noch leerlaufend zu erreichen sein.

werden, während bei den beschriebenen Anlagen bei geschlossenen Düsen nicht die geringste Abweichung von normalen Anlagen vorhanden ist.

Zum besseren Überblick seien die an beiden dargestellten und an einer dritten, unter besonders ungünstigen Rückstauverhältnissen arbeitenden Anlage erzielten Ergebnisse mit und ohne Ejektoren einander in Zahlentafel I gegenübergestellt.

Es läßt sich demnach schätzen, daß die Ejektordüsen das vorhandene Hochwassergefälle um etwa 70 bis 100% verbessern. Zu begrüßen wäre, wenn die Firma, welche auf Grund ihrer Arbeiten bald sogar Garantiezahlen geben zu können glaubt, kurz einige nähere Resultate an die Öffentlichkeit gelangen ließe; Laboratoriumsversuche in solchen Größen dürften kaum anzustellen sein, und hier kommt es jedenfalls wesentlich auf völlige Übereinstimmung mit der tatsächlichen Anordnung des Einbaues und den Druck-

Zahlentafel I.

Betriebsverhältnisse von 3 Ejektoranlagen der Maschinenfabrik Andritz.

Anlage	normal			ohne Ejektoren					mit Ejektoren
	H_n	N_n	n_n	H	n	n-Leerlauf	N	n	N
1. —	2,00	50	—	$0{,}30 = 0{,}15\,H_n$	$0{,}387\,n_n$	$0{,}695\,n_n$	—		$7{,}0 = 0{,}14\,N_n$ [1])
2. Gleinstätten .	2,80	90	59,5	$0{,}70 = 0{,}25\,H_n$	$0{,}50\,n_n = 29{,}8$	$0{,}90\,n_n = 53{,}7$	—		$15 = 0{,}177\,N_n$
3. Gersdorf . .	2,30	54	67,5	$0{,}80 = 0{,}347\,H_n$	$0{,}59\,n_n = 39{,}8$	$1{,}06\,n_n = 71{,}5$	$10 = 0{,}185 \cdot N_n$		$20 = 0{,}37\,N_n$ [2])

[1]) Mit Zuschlag auf die ermittelten Werte für Transmissionsverluste von 4%.
[2]) Desgl. von rd. 10%.

— 25 —

verhältnissen in einem im Betrieb stehenden Saugrohr an.

Eine andere in ihrer baulichen Disposition originelle Anlage zeigt Fig. 34 in einem privaten Wechselstromwerk von 60 PS Leistung unter 11 m Gefälle. Statt einer Spiralturbine gelangte hier, auf Wunsch des Bauherrn zur Anpassung an die Umgebung, ein Standrohr aus Eisenbeton mit hölzernem Gerinne zur Verwendung. Das Gerinne fügt sich ohne Zweifel der dortigen Gebirgsgegend und benachbarten Objekten gut ein, die Wirkung des hochragenden Standrohres vermag Verfasser aber leider nicht aus eigener Anschauung zu beurteilen. Die Raumausnutzung ist auch insofern gut getroffen, als die Erweiterung für die Wärmekraftreserve unter dem Leerschuß durchgebaut wird. Dem Schaltraum, der bei kleineren Anlagen manchmal zu sparsam behandelt wird, ist hier gleichfalls die nötige Aufmerksamkeit zugewendet (vgl. dazu die Raumbedarfskurve in dieser Z. 1910, S. 490). Wenn nicht gerade hier bei dieser Anlage, so dürfte sich doch in Gegenden mit sehr billigen Holzpreisen und bei Ausführung des Gerinnes durch den Bauherrn auch eine Ersparnis gegenüber der Verwendung einer Spiralturbine mit Rohrleitung herausstellen. Man erinnert sich übrigens bei dieser Lösung bez. des Äußeren an ein etwas ähnliches Werk, das Prof. Franz in dieser Z. 1909, S. 113 brachte.

Eine weitere Anlage, bei der besondere Gründe gegen eine sonst zu wählende Spiralturbine sprachen, kann durch das Entgegenkommen der Firma Escher, Wyß & Co. in Ravensburg in Fig. 35 gezeigt werden. Das Gefälle von 8,13 bis 9,52 m mußte durch eine 900 m lange Rohrleitung gewonnen werden, und wünschte der Besteller aus Billigkeitsgründen armierte Zementrohre von 1600 mm l. W. zu verwenden, mit einer Wassergeschwindigkeit von maximal 1,5 m/sek. Unter diesen ungünstigen Verhältnissen von Leitungslänge und Geschwindigkeit ergaben sich bei teilweisen plötzlichen Entlastungen bereits Druckerhöhungen um das Mehrfache des Betriebsdruckes, so daß man sich entschloß, eine offene Horizontalturbine in einen Druckausgleichschacht zu setzen. Dieses Standrohr mit einem freien Überlauf auf dem ganzen Umfang, das nach der Abbildung der Anlage ein sehr gelungenes Äußere gibt, hat einen Wasserinhalt von rd. 140 cbm und nimmt den Zwillings-Schnelläufer von 255 PS bei 300 Touren auf, gekuppelt mit einem Drehstromgenerator. Die Anlage arbeitet ganz unbedient und liefert ihren Strom nach der mehrere hundert Meter entfernten Fabrik; dies bot wieder eine Erschwerung, insofern der Wasserzufluß innerhalb einer Tagesperiode stark wechseln kann und je nach Jahreszeit von maximal 3 cbm/sek bis auf 0,8 cbm/sek sinkt. Es war daher nötig, ein weiteres Öffnen, als dem jeweiligen Zufluß entspricht, automatisch zu verhindern. Dies geschieht durch einen Schwimmer im Standrohr, der bei übergroßer Absenkung des Spiegels ein Weiteröffnen des Reglers sperrt. Arbeitet dieser Maschinensatz mit anderen parallel und ist sein Regler außerdem etwas unempfindlicher gewählt als die Regler der anderen Kraftmaschinen, so wird er stets seine Belastung auch bei Schwankungen im Betrieb selbst auf

der dem Wasserzufluß entsprechenden Höchstleistung halten und den übrigen Maschinen die Übernahme der

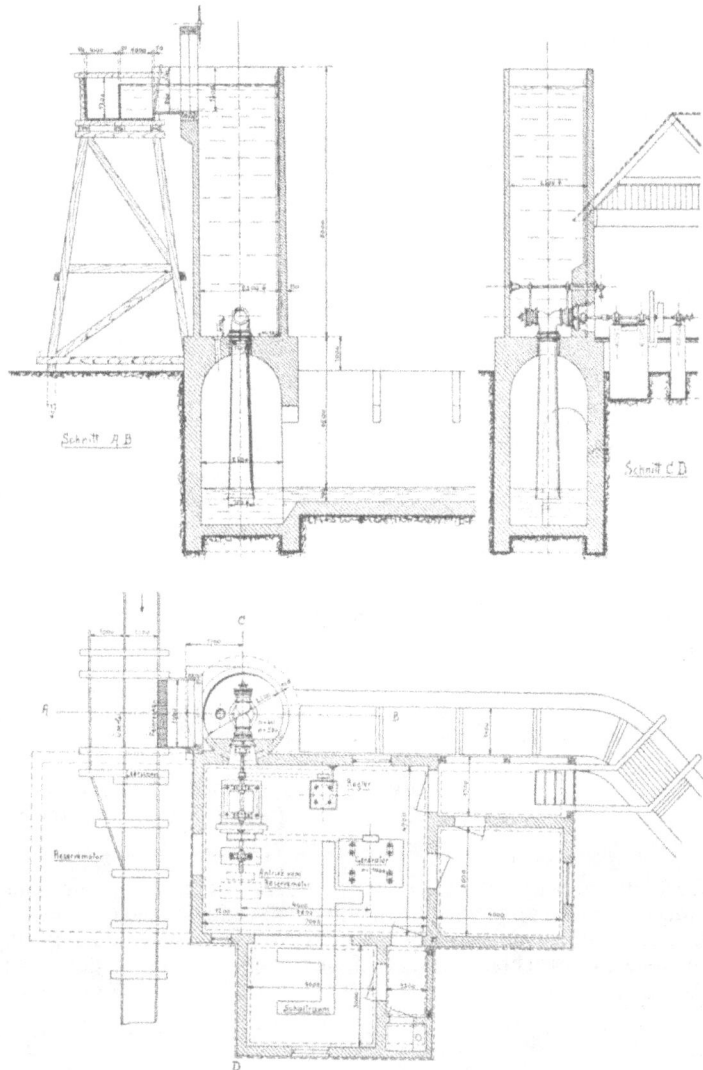

Fig. 34. Anlage Kallwang. $H = 11,00$ m; $N = 60$ PS; $n = 580$.
(Masch.-Fabr. Andritz.)

Schwankungen ohne weitere Eingriffe zuschieben. Zur Erhöhung der Ökonomie bei Kleinwasser ist noch die Möglichkeit geboten, einen Leitapparat auszuschalten, wozu das Saugrohr geteilt ist.

Auch bei kleinen Spiralturbinen mit Handregelung, wobei also Druckerhöhungen noch innerhalb unschädlicher Grenzen bleiben, haben Escher-Wyß solche Ausgleichsbehälter angeordnet mit der Bestimmung, bis zur Beschleunigung der Wassermasse im Rohr auszuhelfen. Bei langen Rohren und niedrigem Gefälle könnte sonst leicht die Möglichkeit eintreten, daß in der Leitung Unterdruck entsteht, Luft in diese eingesogen wird und das Angehen des Saugrohres erschwert.

War dort trotz der flachen Lage des Turbinenhauses und des verhältnismäßig hohen Gefälles die abnormale Verwendung einer offenen Turbine aus den genannten besonderen Gründen gerechtfertigt, so zeigt sich auch bei niedrigerem Gefälle anderseits die Verwendung einer Spiralturbine oft überlegen, trotz ihres absolut betrachtet bedeutend höheren Preises. Ein derartiges Beispiel bietet Fig. 36 im Elektrizitätswerk Wuchern, dessen günstige Lage an einer Gefällstufe

4

eine Rohrleitung vermeiden ließ und beim Einbau einer offenen Turbine umfangreichere Felsbewegungen erfordert hätte. Die Turbine, die unter 9 m Gefälle bei 267 Touren 88 PS leistet, wird direkt aus dem Oberwassergraben durch einen sehr sorgfältig konisch ausgebildeten Anschluß gespeist; letzteres ist hier besonders von Wichtigkeit, da die Eintrittsverluste bei der Geschwindigkeit von 2,16 m/sek sonst leicht einen bedeutenden Bruchteil des niedrigen Gefälles aufzehren.

sparung eines weiteren Riementriebes direkt elastisch mit der Generatorwelle gekuppelt.

Eine Spiralturbinenanlage, durch ihr außergewöhnlich niedriges Gefälle — 4,30 m — zu beachten, ist, auch wegen ihrer geringen Raumbeanspruchung bei zweckmäßiger Disposition, in Fig. 37 angeführt. Die in solchen Fällen stets ungünstigen Verhältnisse zwischen Länge und Inhalt der Rohrleitung wurden hier nicht durch einen Ausgleichbehälter, wie bei der vorgenannten neueren Anlage, sondern durch eine Verlängerung der

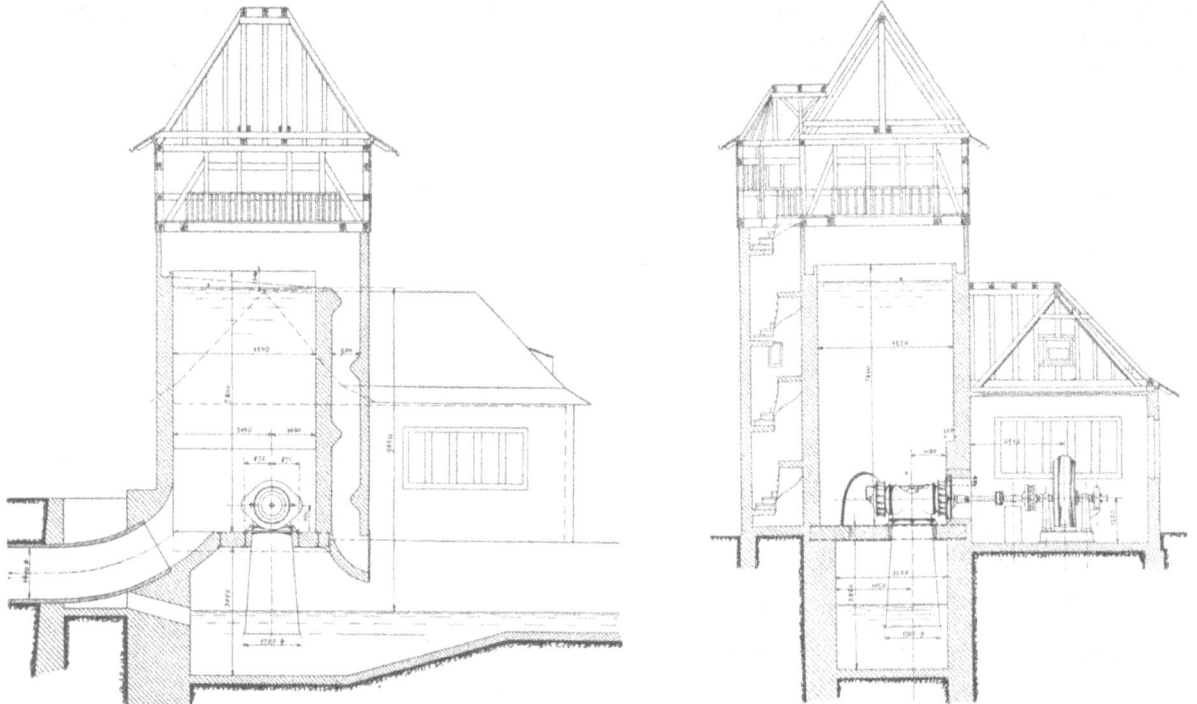

Fig. 35. Anlage Gutach, Turbine im Ausgleichschacht. $H = 8,15 — 9,52$ m; $N = 255 — 76$; $n = 300$.
(Escher Wyß & Co., Ravensburg.)

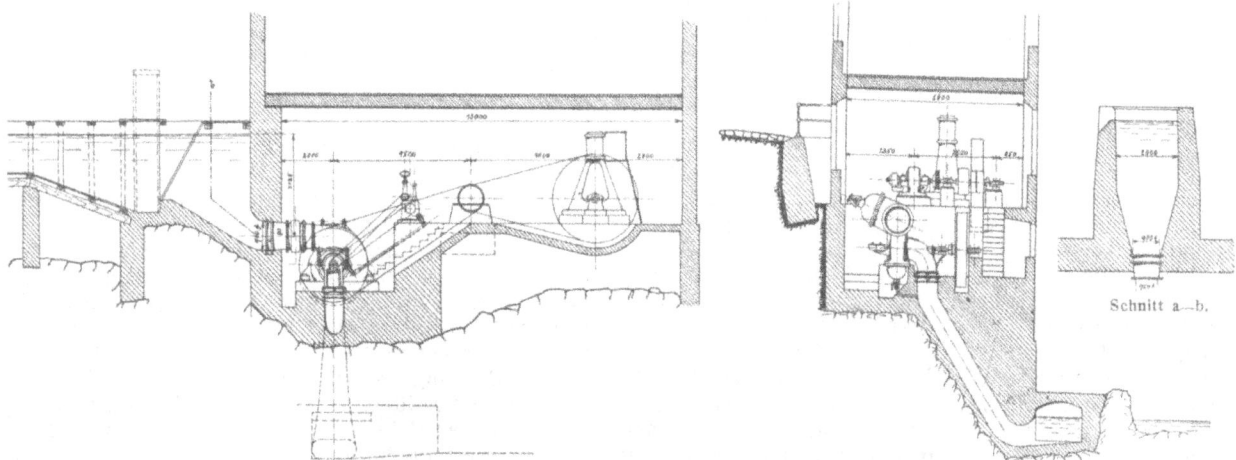

Fig. 36. Anlage Wuchern. $H = 9,00$ m; $N = 88$ PS; $n = 267$. (Masch.-Fabr. Andritz.)

Bei unzweckmäßigem Einlauf könnte dieser Verlust immerhin 3 bis 5 % ausmachen. Die Lage des Gebäudes am Abhang war auch für die hohe Lage der Turbine bestimmend (Saug- : Druckgefälle = 5 : 4).

Wegen der Verwendung eines Reservemotors ist eine Vorgelegewelle notwendig; diese ist aber zur Ein-

Öffnungs- und Schlußzeit des Reglers unschädlich gemacht, woraus allerdings wieder bedeutend vergrößerte Schwungmassen resultieren. Hinzuweisen ist auf die hier — bei kleinen Anlagen ausnahmsweise — dem Schaltraum zugewendete Aufmerksamkeit; derselbe sollte bei Hochspannung stets als separater, geschlossener

Raum ausgeführt sein. Bei mechanisch eingelernten Leuten, wie sie in solchen Kleinbetrieben nicht selten sich finden, können sonst gelegentlich auftretende heftigere Feuererscheinungen u. dgl. am Überspannungsschutz oder Zufälligkeiten wie das Platzen von Sicherungsröhren leicht zu kopflosen und falschen Manipulationen führen, wenn sie so direkt sichtbar sind. Die hier im Unterwasser ersichtliche Rohrschlange dient dazu, die Temperatur des Regulatoröles im Betrieb konstant zu erhalten. Bei Durchflußreglern, wie sie aus Billigkeitsgründen für kleinere Leistungen meist angewendet werden, tritt durch das stete Arbeiten der Pumpe gegen Druck und durch die Drosselung eine Temperatursteigerung des Öles ein, wodurch dessen Zähigkeit herabgesetzt, aber auch dem lästigen Schäumen Vorschub geleistet wird. Hierdurch wird die Regulierfähigkeit des Reglers unliebsam von den jeweiligen Betriebszuständen abhängig[24]), was durch die Kühlung des Öles vermieden wird. In neuester Zeit haben Escher-Wyß durch konstruktive Änderungen jene künstliche Kühlung, deren Anordnung oft schwierig war, entbehrlich gemacht.

Daß die Erstellung kleiner Anlagen nicht geringere Schwierigkeiten bieten kann als der Bau von Großanlagen, weil man meist in gewisse enge Bahnen gedrängt ist, kann auch die Turbinenanlage des Elektrizitätswerkes Elsterberg i. Vgtld. zeigen. Hier war ein äußerst enges, nicht zu veränderndes Gerinne bereits vorhanden, in welchem sich die Wassergeschwindigkeit bei voller Leistung der 100 PS-Vertikalturbine auf rd. 0,97 m/sek stellt. Außerdem war der Rechen ca. 20 m vor der Turbine senkrecht zur Strömung, ohne jede Verbreiterung des Kanals, einzubauen. Bei plötzlichen großen Mehrbelastungen war folglich ein bedeutendes momentanes Absinken des Oberwassers bis zur Beschleunigung des Kanalinhaltes und Einstellung der nötigen Druckhöhe vor dem Rechen zu erwarten, was zu Schwankungen des Oberwassers und damit der Regulierung, zu störenden Einflüssen auch für eine zweite Turbine, deren Gerinne hinter dem Rechen abzweigt, vielleicht in ungünstigen Fällen sogar zum Einsaugen von Luft geführt hätte. Hier haben Escher, Wyß & Co. gleichfalls den Regler der erstgenannten Turbine von einem Schwimmer beeinflußt, der ihn nur solange wirken läßt, als das Oberwasser ein zulässiges Maß

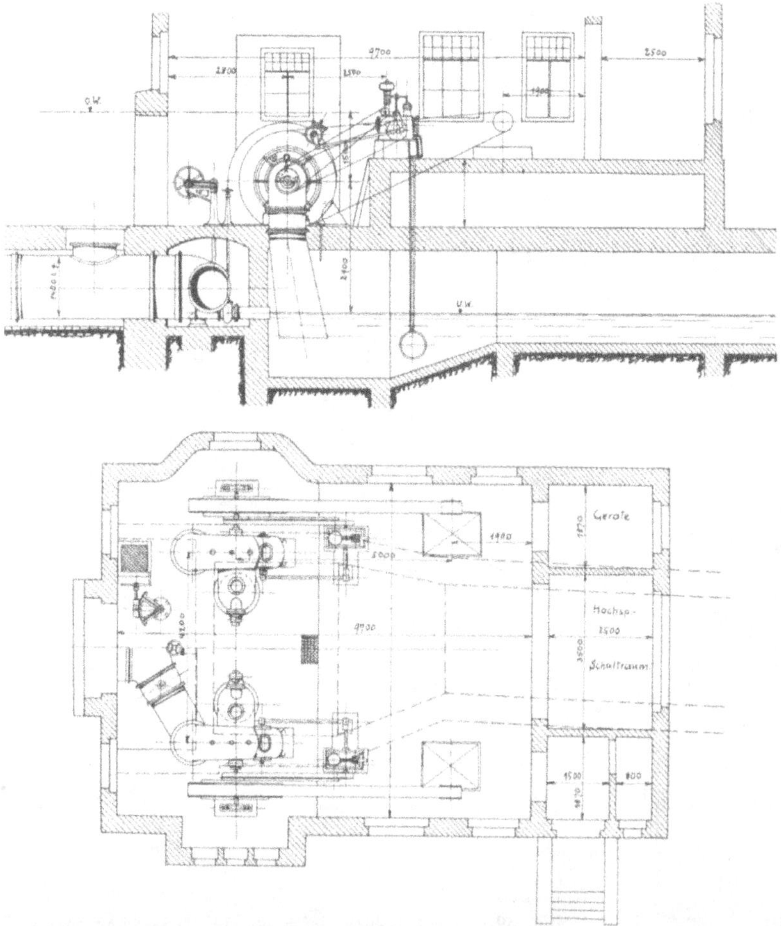

²⁴) Camerer, Ölreibung in Röhren. Z. f. d. ges. Turbinenw. 1907, S. 461, wo besonders hierauf hingewiesen ist.

Fig. 37. Anlage Neueck. $H = 4,40$ m; $N = 2,57$ PS; $n = 200$. (Escher Wyß & Co.)

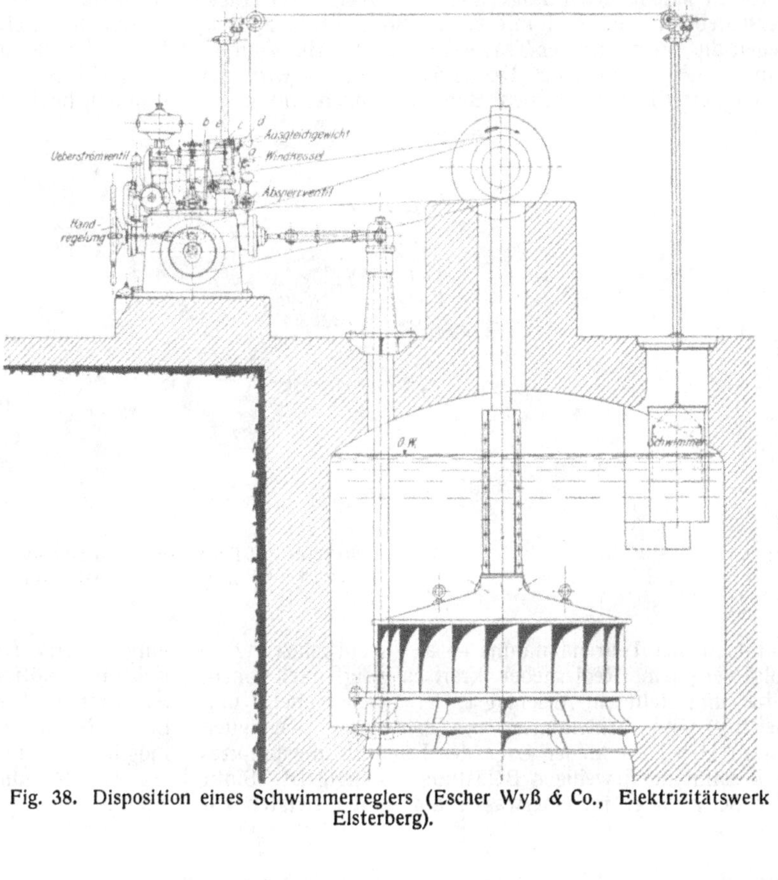

Fig. 38. Disposition eines Schwimmerreglers (Escher Wyß & Co., Elektrizitätswerk Elsterberg).

nicht unterschreitet. Fig. 38 zeigt die Anordnung dieses Schwimmerregulators im Zusammenbau mit der Turbine. Der Vorsteuerstift des sonst normalen, mit einstellbarer Tourendifferenz und Vorsteuerung nach dem Durchflußprinzip ausgestatteten Reglers ist nämlich nicht starr mit dem Reglerhebel *b* verbunden, sondern in

lässigen Stand, so stellt sich Anschlag *c* unter Wirkung des niedergehenden Schwimmers dem Vorsteuerstift in den Weg; bei einem weiteren Heben des Steuerhebels wird der Vorsteuerstift somit am Hochgehen gehindert und kann, vom Zusammenhang mit dem Pendel losgelöst, die Turbine nicht mehr öffnen, während er zum

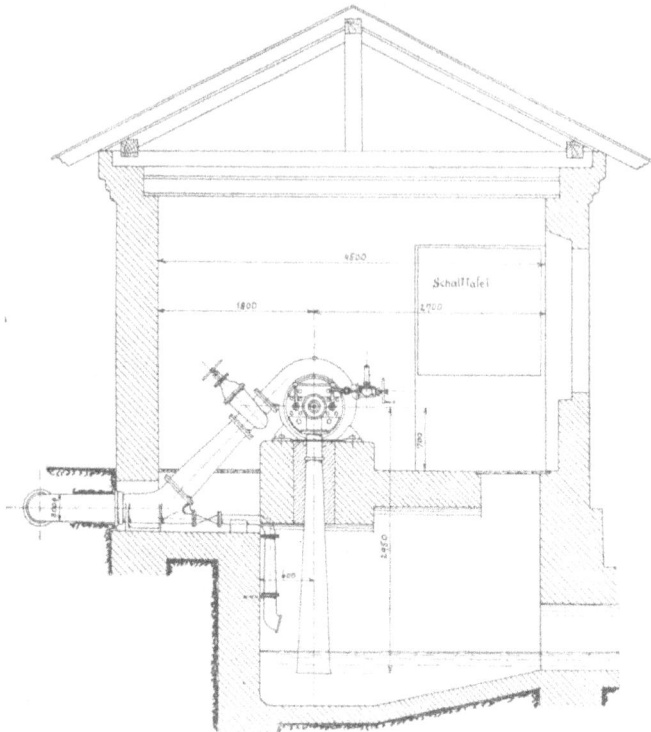

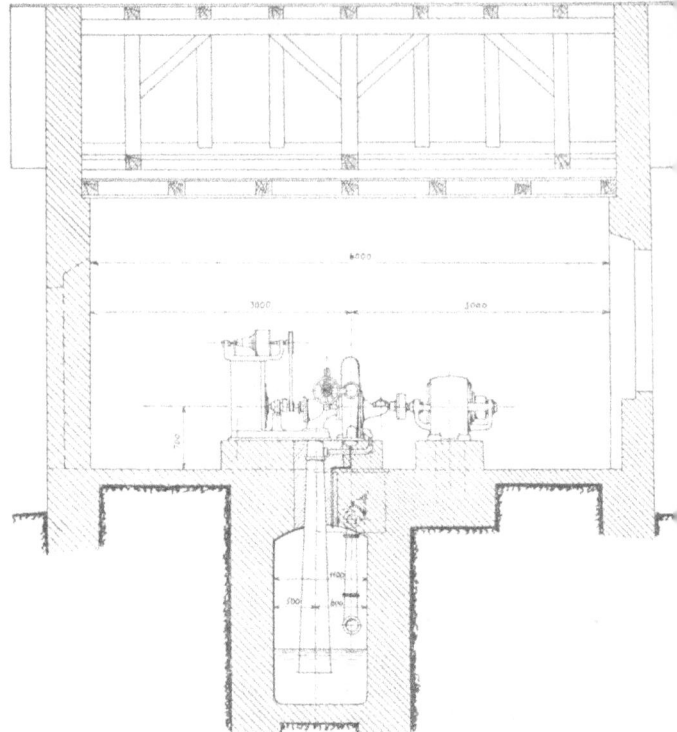

Fig. 39. Anlage Sölden. $H = 35{,}6$ m; $N = 36{,}5$ PS; $n = 1100$. (Rüsch-Ganahl.)

einer an jenem Hebel aufgehängten Traverse frei längsverschieblich und wird mit einem Bund kraftschlüssig gegen die Unterseite der Traverse gehalten. Bei Tourenzunahme — Senken des Reglerhebelendes — wird der Vorsteuerstift durch seinen Bund mit nach unten ge-

Schließen stets nach unten mitgenommen werden kann. Durch die zweite Abhängigkeit der Arretierung von der Rückführung, die bei größeren Öffnungen der Turbine ein geringes Senken des Schwimmers bis zu seiner Wirksamkeit bedingt, wird einem Überarbeiten des Reglers

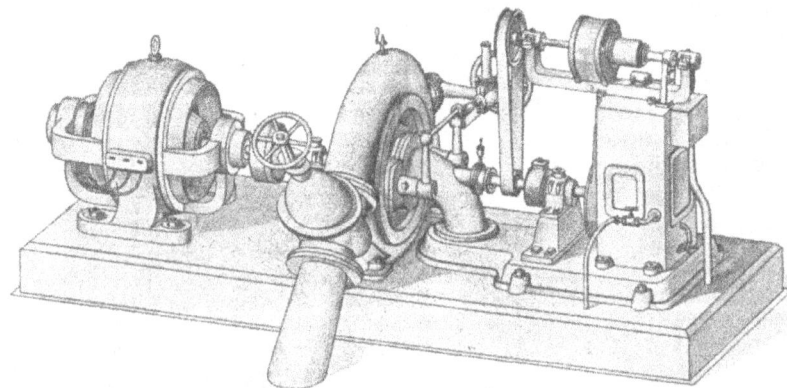

Fig. 40. Spiralturbine mit Bremsregler und Dynamo in verkürzter Bauart zu Fig. 33. (Rüsch-Ganahl.)

nommen, bei Tourenabnahme — also Mehrbelastung — folgt er dem Reglerhebel kraftschlüssig nach oben. Über ihm steht ein Anschlag *c*, der durch Hebel *d* und Seilzug vom Schwimmer im Oberwasser, wie auch durch Hebel *e* von der Lage des Rückführungspunktes und somit der jeweiligen Belastung abhängig ist. Sinkt der Schwimmer im Oberwasser auf seinen tiefsten zu-

vorgebeugt. Die geringe zur Betätigung dieser Vorrichtung nötige Kraft läßt die Übertragung vom Schwimmer her sehr leicht ausbilden und Dehnungen des Seiles u. dgl., welche das genaue Arbeiten stören, möglichst vermeiden.

Die Regulierung wird hierdurch, entsprechend der zur Beschleunigung des Kanalinhaltes notwendigen Zeit, verlängert, und zwar nicht um einen stets gleichbleibenden Betrag (wie bei der schon genannten Spiralturbinen-Anlage), sondern es paßt sich diese Verzögerung den jeweiligen Nachströmungsverhältnissen gerade an, die sich nach Wasserstand und Belastung des Kanals von der anderen Turbine her ändern. Zum Ausgleich dieser Verzögerungen trägt auch das Kegelrad mit beinahe 3 m Durchmesser bei; die im Maschinenraum vorhandenen gleich ungünstigen Raumverhältnisse zwangen nämlich zu einer Kegelradübersetzung von 1 : 5, wobei der Gleichstromgenerator noch direkt ohne elastisches Zwischenglied mit dem kleinen Rad gekuppelt werden mußte und die Welle (für Anker und kleines Kegelrad) nur zwei Lager erhalten konnte. Die ganze Anlage ist solcherweise auf den geringen Raum von 7,30 m Länge (einschl. Einlaßschütze) und 5 m Breite (einschl. Regler) beschränkt. Das Fortlassen einer elastischen Kupplung zwischen Kegelrädern und Dynamo dürfte allerdings nur in solchen besonderen Fällen unter erhöhter Sorgfalt bei Bau und Montage gerechtfertigt sein; bei nicht peinlicher Instandhaltung des Getriebes werden die auftretenden Erschütterungen dem Arbeiten des Kollektors sehr ungünstig sein. Bei Spiralturbinen ist geringer Bedarf an Grundfläche auch durch direkte Kupplung der Reglerwelle mit der Regulierwelle der Turbine zu erreichen, in besonderen Fällen ist dann auch die Aufstellung des Reglers nach innen zu — also in der Achse der Turbine — und dessen Riemenantrieb unter Zwischenlegung eines Wand- oder Deckenvorgeleges geraten. Die nötige Breite ist dann nur gleich der Breite der Turbine (oder des Generators), was bei Bauten an Steilhängen lange und sehr schmale Maschinenhäuser und geringste Abgrabungen gibt. Mehrere Turbinen werden alsdann hintereinander aufgestellt, das Schaltpodium muß solchenfalls zur Übersichtlichkeit bedeutend erhöht werden.

Sozusagen als Normaltyp einer unbedienten Anlage kann auch das für einen Gasthof in Sölden von Rüsch-Ganahl, A.-G., ausgeführte Elektrizitätswerk, Fig. 39, gelten. Die Spiralturbine ähnlicher Bauart wie die in Fig. 9 gezeigte leistet unter 35,6 m Gefälle mit der verhältnismäßig geringen Tourenzahl von 1100 pro Minute 36,5 PS bei 275 mm Laufrad-Durchmesser. Sie ist direkt in verkürzter Bauart mit einem der besprochenen hydraulischen Bremsregler der Firma gekuppelt, der etwa über 20 PS aufzunehmen vermag, und zeigt trotz ihrer kleinen Abmessungen und der bei solchen Anlagen geforderten Billigkeit eine den Spiralturbinen der Firma eigene Eleganz. Im Zusammenbau mit einer Gleichstrom-Compounddynamo ist der ganze Maschinensatz nach einer Zeichnung in Fig. 40 dargestellt. Turbine und Regler besitzen gemeinsam nur zwei Lager, das auf der Reglerseite ist das Spurlager spezieller bewährter Konstruktion ausgebildet und außerdem die (in Fig. 39 ersichtliche) Umleitung des Spaltwassers einstellbar entlastet. Die Zug- und Kuppelstange der Handregulierung greifen zentrisch an den beiden Kurbeln an, und bei größeren Ausführungen sind auch die Kurbelwellen beiderseits der Kurbeln gefaßt, so daß einseitige Biegungsbeanspruchungen und Klemmungen ferngehalten sind. Die Wasserführung zum Spiralgehäuse ist sorgfältig ausgebildet, desgleichen der Leerlauf zur nötigen Schonung der Untergrabensohle. Ein Hinaufrücken auf etwa 1500 Touren von seiten der elektrotechn. Firma hätte die Anlage noch verbilligen können. Ausführungen ähnlicher Art, meist mit Freistrahlturbinen, finden sich (z. B. in den österreichischen Gebirgsländern) in weitester Verbreitung, von mehreren 100 PS für Stromabgabe an weitere Kreise bis herab zu den kleinsten Leistungen für Privatzwecke und Gasthöfe; sogar von

einer derartigen Anlage in einem Bauernhof wurde Verfasser berichtet. Dabei ist zu bedenken, daß diese Anlagen trotz der vielfach vorhandenen Anschlußmöglichkeit an Überlandnetze lebensfähig sind. Zur Vollständigkeit ist in Fig. 41 noch ein solcher kleiner Maschinensatz mit Freistrahlturbine der früheren Rüschschen

Fig. 41. Freistrahlturbine mit Bremsregler und Dynamo. (Rüsch-Ganahl.)

Bauart gebracht. Die Zuströmung erfolgte hier durch eine Reihe (bis zu 30) kleiner, im Viertelkreisbogen um das Rad angeordneter und aus einer gemeinsamen Ringkammer gespeister Düsen, welche durch Drehschieber mit Zahnbogen durch das Handrad einzeln abgesperrt

Fig. 42. Peltonturbine mit Bremsregler in verkürzter Bauart. $N_l = 0,0172$ PS; $n_l = 129$. (Rüsch-Ganahl.)

wurden, also Teilbeaufschlagung ermöglichten.[25] Hierdurch war erreicht, daß der gute Wirkungsgrad (gebremst wurde z. B. bei einer Ausführung von 280 PS, gebaut 1902, 84%) bis zu ¼ der normalen Beaufschlagung herab sich nur sehr wenig änderte.

Ein neuester kleiner Maschinensatz verkürzter Bauart ist noch in Fig. 42 gezeigt. Das zweidüsige Peltonrad leistet unter 60 m Gefälle ca. 8 PS bei 1000 Touren, der Bremsregler ist zur Aufnahme der vollen Leistung bemessen. Der Kühlwasserzufluß erfolgt durch das von der Düse abzweigende Rohr mit Regelventil; der ganze Satz enthält gleichfalls nur zwei Lager und ist zur Kupplung mit einer Dynamo zur Beleuchtung eines

[25] Abb. in dieser Z. 1907, S. 159 (Werk Kardaun) und in Uhlands Masch.-Ing.-Kalender.

Wintersporthauses bestimmt, ein Fall, in dem es gewiß auf einfachste Handhabung und Unempfindlichkeit sehr ankommt.

Als Vertreter eines kleinen, unter denkbar günstigsten Bedingungen arbeitenden Hochdruckwerkes sei

daher billigsten Anlagekosten, die sich oft sogar noch zum Teil von der elektrischen Anlage abwälzen lassen, wenn eine Quellenfassung die Wasserleitung gleichzeitig als Trink- oder wenigstens Nutzwasserleitung mit zu verwenden gestattet, Möglichkeiten, die sich oft

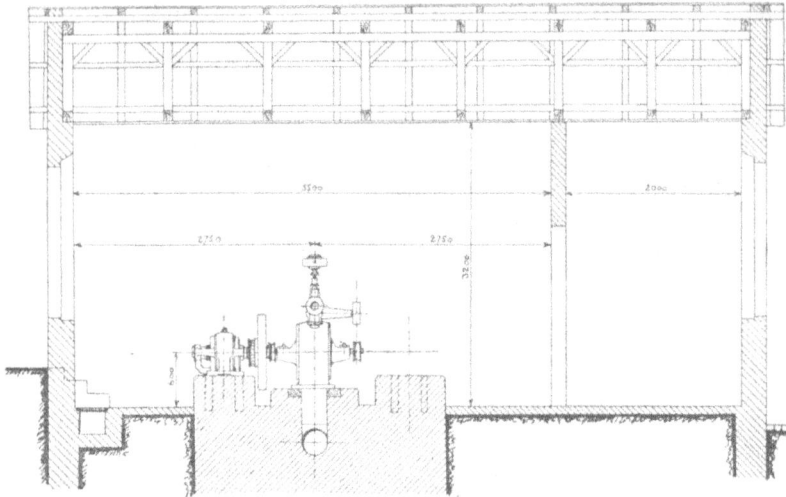

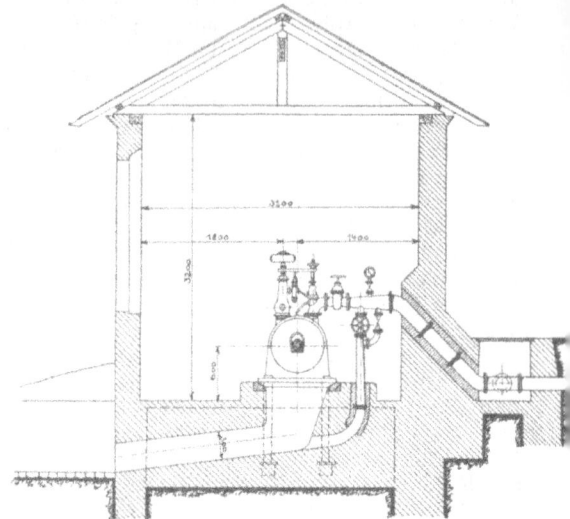

Fig. 43. Anlage Susa. $H = 260$ m; $N = 10$ PS; $n = 1490$. (Masch.-Fabr. Andritz.)

schließlich noch der Einbau der bereits in Fig. 20a gebrachten Peltonturbine in einem kleinen gemeindlichen

Fig. 44. Schema eines Solenoidreglers für Gleichstrom (Voigt & Häffner, Frankfurt a. M.)

Elektrizitätswerk angeführt, Fig. 43. Unter 260 m Gefälle mit einer Wassermenge von 4 l/sek bei 1490 Touren ergeben sich die denkbar geringsten Abmessungen und

genug ausnutzen lassen werden. Diese Anlage ist auch mit Rücksicht auf billigste Erweiterungsmöglichkeit ausgeführt; zu der in der Zeichnung ersichtlichen einen Dynamo wird demnächst auf das noch freie Wellenende eine zweite aufgesetzt und mit der ersteren zu einem Dreileitersystem vereinigt.

Nachdem im vorstehenden die besonders für kleinere Anlagen wichtigen, teilweise vielleicht weniger allgemein bekannten Ausführungen der turbinentechnischen Seite darzustellen versucht war, erübrigt sich noch eine Übersicht über die zur automatischen Regelung nötigen Hilfsmittel der Elektrotechnik. Prinzipiell ist ja, wie bereits erwähnt, stets die Forderung: „Regelung der Spannung im Netz der elektrischen Anlage" gestellt, zu deren zweckentsprechender Lösung auch die Berücksichtigung der Mittel und Forderungen, welche die elektrische Seite der Anlage bietet oder stellt, unerläßlich scheint. Hieran sollen sich einige interessante spezielle Anordnungen zur Erzielung bedienungslosen Betriebes reihen, darunter auch das für mehrere parallel arbeitende Drehstromwerke — also etwa Ausnutzung mehrerer Gefällsstufen — besonders bedeutsame System der „asynchronen Zentralen" von der Maschinenfabrik Oerlikon eingehender dargestellt.

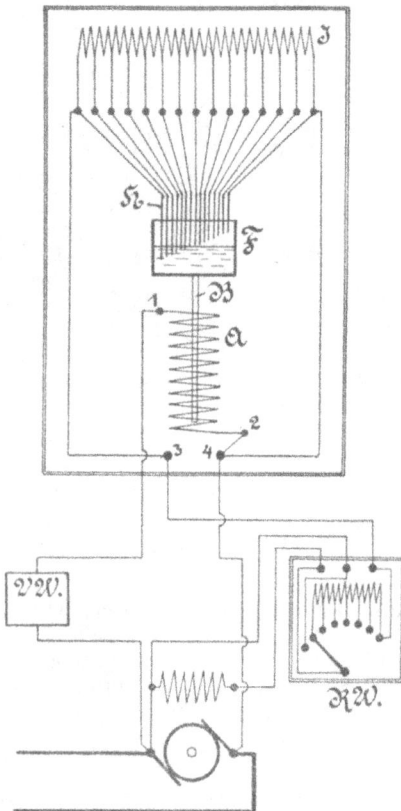

III. Elektrische Anlage. Regelung durch Beeinflussung der Generatoren.

a) Erregerstrom-Regelung; Drehzahl der Turbine konstant.

Da die Spannung der Generatoren bekanntlich bei konstanter Tourenzahl der Turbine um etwa 7 bis 20 % vom Leerlauf bis Vollast abnimmt, ist zum unbedienten Betrieb in solchen Fällen — welche die Mehrzahl darstellen — noch eine a u t o m a t i s c h e S p a n n u n g s r e g e l u n g d u r c h E i n w i r k u n g a u f d e n G e n e r a t o r unerläßlich, die so einfach wie möglich sein muß.

Hierzu stehen folgende Mittel zu Gebote:

Bei Gleichstromanlagen als idealer Fall an Einfachheit der C o m p o u n d g e n e r a t o r , dessen vom abgegebenen Strom durchflossene Serienmagnetwicklung das magnetische Nebenschlußfeld von selbst um so mehr verstärkt, je mehr die Maschine belastet wird, und damit die Spannung nach Wunsch entweder konstant hält oder sie zum Ausgleich des in den Leitungen auftretenden Spannungsverlustes oder der von der Tourendifferenz der Kraftmaschinenregelung herrührenden Abnahme der Maschinenspannung sogar bis zu 10 % erhöht (Übercompoundierung). Der Mehrpreis von etwa 5 % gegenüber normalen Nebenschluß-maschinen verschwindet vollständig im Vergleich zu den Kosten der sonst nötigen automatischen Regulatoren bis zu Maschinengrößen von mehreren Hundert Pferde-stärken. Compoundgeneratoren sind auch, besonders in den österreichischen Gebirgsgegenden, vielfach zu sehen[26]).

Die folgenden automatischen Reguliereinrichtungen können hier nur an einzelnen typischen Ausführungs-formen kurz gezeigt werden, da sie allein ein Sonder-gebiet bilden. Es muß zur genauen Information deshalb auf die speziellen Veröffentlichungen hierüber ver-wiesen werden.[27])

Fig. 45. Ansicht des Solenoidreglers Fig. 44.

Unter diesen von außen auf die Generatoren wirken-den Vorrichtungen stehen die S o l e n o i d r e g l e r als direkt wirkende Regler bezüglich ihrer Einfachheit an erster Stelle, deren Wirkungsweise an der Ausführung von Voigt & Häffner, Frankfurt a. M., nach Schema 44 und Fig. 45 erläutert sei.

Der Steuerapparat besteht analog den ältesten Voltmetern aus einer Solenoidspule A (Klemmen 1, 2), die von einem der Spannung proportionalen Strom durchflossen wird und einen am Hebel C hängenden Eisenkern B einzuziehen strebt, entgegen der Wirkung der Gegengewichte D und E. Der Eisenkern trägt unten eine Glyzerinbremse G zur Dämpfung von Stößen und oben einen rechteckigen Behälter F mit Quecksilber, in den eine Reihe von Kontaktstäben H in abgestuften Längen hineinragen. Diese Stäbe liegen, wie aus dem Schema zu entnehmen, im Nebenschluß zu den Wider-standsstufen J des Regulierwiderstandes, der vom Erreger- (Nebenschluß-) Strom durchflossen wird. Bei normaler Spannung nimmt der Eisenkern B und mit ihm das Gefäß F eine durch die Anziehung der Spule einerseits und die Gegengewichte D, E anderseits be-stimmte Mittelstellung ein, wobei etwa die längere Hälfte der Kontaktstäbe H in das Quecksilber taucht und den (im Schema) linken Teil der Widerstände überbrückt (kurzschließt). Dem Erregerstrom ist dem-nach der halbe Gesamtwiderstand vorgeschaltet. Nimmt nun z. B. infolge von Entlastung die Maschinenspannung zu, so zieht das Solenoid seinen Kern B entgegen den Gewichten tiefer ein, der Behälter F geht nach unten und zieht eine Anzahl von Kontaktstiften aus dem Quecksilber heraus. Die Zahl der überbrückten Wider-standsstufen nimmt ab, der Erregerstrom, der jetzt mehr Spiralen passieren muß, wird geschwächt, bis bei Wiedererreichen der normalen Spannung + dem Un-gleichförmigkeitsgrad das System wieder zur Ruhe in seiner neuen Gleichgewichtslage kommt. Die Empfind-lichkeit des Apparates kann durch Zusatz von mehr oder weniger Wasser zum Glyzerin in der Bremse G verändert werden, die Stabilität (bzw. der Ungleich-förmigkeitsgrad) durch Verstellen des Gewichtes E; letzteres wird beim Vorkommen von besonders großen plötzlichen Belastungsstößen zur Vermeidung von Schwingungen nötig. Der Regler, der in kleineren An-lagen berechtigte Verbreitung gefunden hat, kann bei Nebenschluß- (bzw., bei Wechselstromgeneratoren, Er-regerstrom-) Stärken bis zu 30 Amp. verwendet werden, also bei Maschinen bis zu etwa 250 bis 300 KW, und zwar für Gleich- und Wechselstrom. Letzteren Falles werden die Klemmen 1, 2 an eine Phase der Wechsel-strommaschine geschaltet, bei höheren Spannungen unter Verwendung eines Meßtransformators.

Solenoidregler werden mit geringen konstruktiven Änderungen in der Kontaktvorrichtung von verschiedenen Firmen hergestellt; erwähnt sei nur noch der dem Beschriebenen ähnliche Regler von Kalb & Cie, Nieder-sedlitz, und der von den österreichischen Siemens-Schuckertwerken gebaute Regler nach Dick (vgl. die spätere Fig. 69), der in jener Hinsicht als Um-kehrung des vorigen Interesse bietet. Das festste-hende Kontaktgefäß, ein aus übereinander geschichteten Blechringen mit zwischenliegenden Isolierschichten ge-bildeter Hohlzylinder, ist unter dem Solenoid angebracht, an die Blechringe sind die einzelnen Widerstandsstufen angeschlossen. Der wie vorhin ausbalancierte Eisenkern trägt unten einen in die Quecksilberfüllung des genannten Zylinders tauchenden Verdrängerkolben. Wird z. B. der Eisenkern bei Spannungszunahme nach oben ge-zogen, so sinkt das Quecksilber im Kontaktgefäß zufolge der geringeren Eintauchtiefe des Verdrängers tiefer und hebt den vorher bestandenen Kurzschluß zwischen einer entsprechenden Zahl von Ringen auf, schaltet also mehr Widerstand vor die Erregerwicklung des Generators vor, wodurch die Spannung sinkt. Die Regler lassen sich auch für mehrere parallel arbeitende Generatoren gleicher Größe verwenden; ihre Erregung wird dabei von einer gemeinsamen Erregermaschine gespeist, deren Erregerstrom erst wieder vom Solenoid-regler gemäß der Netzspannung im Stromkreis bestimmt wird — man hat sozusagen zwei hintereinander ge-schaltete Servomotoren.

Nächst den Solenoidreglern haben sich besonders die indirekt wirkenden M o t o r r e g l e r , die aber immerhin wesentlich komplizierterer Bauart sind, im Betrieb eingeführt. Im Prinzip wird bei ihnen ein kleiner Elektromotor, der über ein Vorgelege auf die Kurbel des Regulierwiderstandes einwirkt, durch ein Voltmeter, dessen Zeiger diesseits und jenseits der normalen Stellung den Hilfsstromkreis des Motors

[26]) Auch für Wechselstromgeneratoren ist eine Anzahl von Compoun-dierungsschaltungen vorhanden (Seidner, E. T. Z. 1909, S. 1116), die sich aber anscheinend nicht recht eingebürgert haben.
[27]) J. Schmidt, Die selbsttätigen Spannungsregler für Gleichstrom- und Wechselstromkraftwerke. Z. d. V. D. I. 1910, S. 623. — Spannungsregler von Routin. E. T. Z. 1909, S. 978. — Thieme, Automatische Reguliervorrich-tungen. E. T. Z. 1905, S. 186 und 1908, S. 538. — Seidner, Die automatischen Regulierungen der Wechselstromgeneratoren, E. T. Z. 1909, S. 1236 (dorts. weitere Literaturangaben). — Niethammer, Elektrische Schaltanlagen. 1905 usw.

schließt, in der entsprechenden Drehrichtung umgesteuert.

Die Wirkungsweise des wieder als Beispiel herausgegriffenen Reglers von Voigt & Häffner ist nach Schema 46 und Fig. 47 folgende: Ist die Spannung des in diesem Fall angenommenen Hochspannungs-Drehstromnetzes zu niedrig geworden, so geht der Anker des unter Vermittlung eines Meßtransformators M angeschlossenen Kontaktvoltmeters K zurück und gibt am Anschlag 1 Kontakt, wodurch der Stromweg für den Hilfs- (Gleich-) Strom von Klemme 7 über u-v-13-m 1-14 durch Magnetspule a_1 zurück nach 9 geschlossen wird. Spule a_1 zieht ihren Anker an und schließt dadurch den Stromweg 7-u-v-w-c_1-9, so daß Spule c_1 ihren Anker anzieht, bei x öffnet und bei y schließt. Der Stromweg läßt sich nun entlang den starken Linien von 7 über u-v-w-6-Anker des Hilfsmotors-11-y-8-Feld des Hilfsmotors-10-9-h und zur Stromquelle zurück verfolgen. Der Hilfsmotor läuft also in solcher Richtung, daß er an den Regulierwiderständen Widerstand abschaltet, die Maschinenspannung erhöht. Die durch Kontakt x zuvor überbrückte Spule d_1 muß nunmehr vom Strom durchflossen werden und hält somit den Kern auch dann noch hoch bzw. y geschlossen, wenn infolge Pendelns des Voltmeterzeigers sich Kontaktstelle 1 nochmals öffnen sollte, um ruckweises Arbeiten zu vermeiden. Bei jeder Umdrehung der Regulatortriebwelle öffnet eine Daumenscheibe einmal den Unterbrecher e und schaltet vorübergehend die Spule d_1 aus;

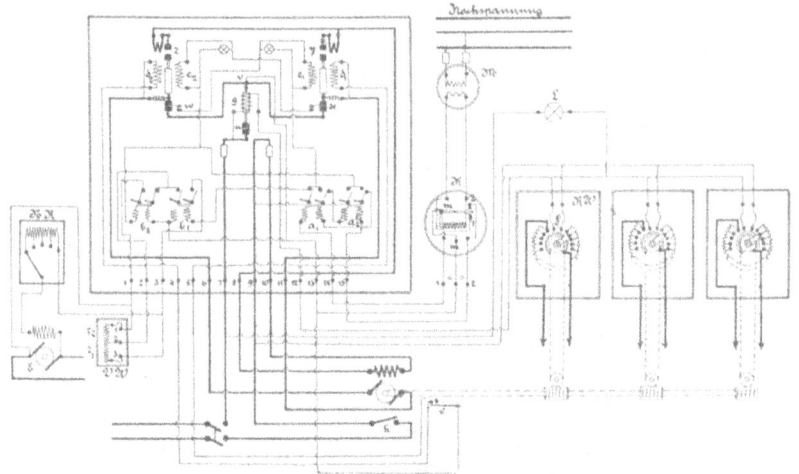

Fig. 46. Schema eines Motorreglers für drei Wechselstrommaschinen
(Voigt & Häffner, Frankfurt a. M.)

durch folgende geistreiche Anordnung: Dem Nebenschluß der Erregermaschine ist ein Widerstand r_1 vorgeschaltet, ein anderer r_2, der sonst ausgeschaltet ist, kann noch dazugeschaltet werden. Im betrachteten Falle (zu wenig Spannung) besorgt das Relais a_1 neben der Einschaltung von c_1 auch gleichzeitig die Einschaltung von Relais b_1, wodurch der Widerstand r_1 kurzgeschlossen, die Spannung also sofort etwas erhöht wird. Bei Beendigung der Regulierung tritt auch dieser Widerstand r_1 wieder in Wirksamkeit und setzt die Spannung um den vorigen Betrag herab. Beim Fehlen dieser Einrichtung würde der Apparat infolge der Trägheit des Kontaktvoltmeters und der Selbstinduktion der Relaisspulen und der Generatorwicklungen in bekannter Weise, wie bei einer Turbine, überregulieren; der zusätzliche Widerstand r_1 ist nun so justiert, daß die durch ihn bewirkte vorübergehende Spannungserhöhung bzw. das hierdurch veranlaßte frühere Aufhören des Reguliervorganges gerade den Betrag des Überregulierens kompensiert.

Bei zu hoher Spannung gibt das Voltmeter am Anschlag 2 Kontakt, und es läßt sich aus dem Schema leicht verfolgen, daß nun alle Schaltvorgänge sich in genau gleicher Weise an den mit Indizes »2« bezeichneten Relais abspielen. Der Strom durchfließt den Anker des Hilfsmotors in der entgegengesetzten Richtung wie vorhin, der Motor treibt also die Kurbeln der Regulierwiderstände in der anderen Drehrichtung. Widerstand r_2 wird vorübergehend in die Nebenschlußwicklung des Erregers eingeschaltet und setzt die Generatorspannung um den zur Vermeidung des Überregulierens nötigen Betrag herab. Damit sich bei Pendelungen des Voltmeters nicht die beiden Schaltrelais y und z gegenseitig stören, sind die bereits erwähnten Unterbrechungsstellen x und w vorhanden; sobald das eine Schaltrelais eingeschaltet ist, unterbricht es mit dem zugehörigen Kontakt x bzw. w den Stromkreis des anderen. Ist endlich eine der Reglerkurbeln an ihrer Endstellung angelangt, so wird durch den Endschalter f und Solenoid g der Strom des Hilfsmotors bei u unterbrochen, der Regler damit außer Tätigkeit gesetzt und durch eine Signallampe und Glocke der Wärter gerufen. Bei Regelung von Hand wird am Schalter h der automatische Antrieb ausgerückt.

Auch dieser, besonders für den Parallelbetrieb mehrerer Maschinen geeignete Regler hat von den verschiedenen Firmen verschiedenartige Ausbildung er-

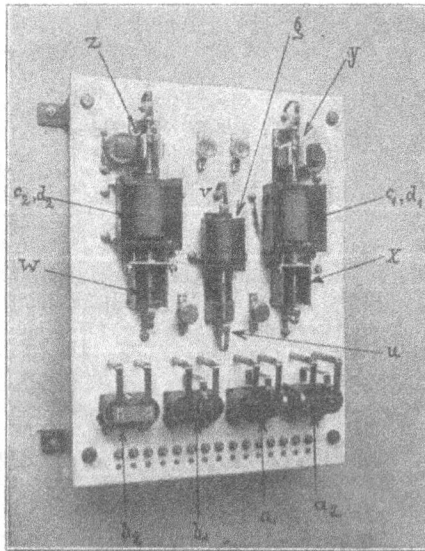

Fig. 47. Ansicht des Motorreglers Fig. 46.

ist die normale Spannung noch nicht erreicht, so erhält Spule c_1 noch über den Anschlag 1 des Kontaktvoltmeters Strom und läßt den Hilfsmotor weiterlaufen. Ist dagegen die richtige Spannung inzwischen erreicht, so ist infolge Zurückgehens des Voltmeters auch c_1 stromlos, die Relais fallen zurück, und die Regulierung ist beendet. Eine Nachführung, die sich mit dem Voltmeter nicht zweckmäßig vereinigen ließe, ist ersetzt

fahren; hier darf es genügen, das allen Konstruktionen gemeinsame Prinzip und die zur betriebssicheren Tätigkeit nötigen gegenseitigen Verriegelungen u. dgl. an einer typischen Form dargestellt zu haben. Für weitere

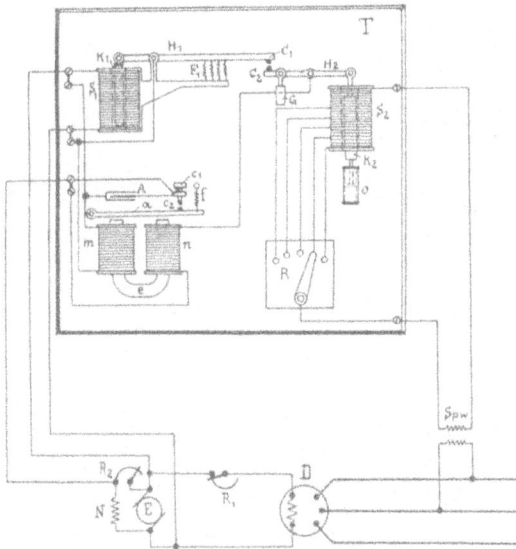

Fig. 48. Schema eines Tirrillreglers für eine Wechselstrommaschine.

Einzelheiten sei auf die angeführten speziellen Arbeiten hingewiesen.

Nach ganz anderen Methoden arbeiten die zwei neueren, in ihrer Leistung konstruktiv fast nicht be-

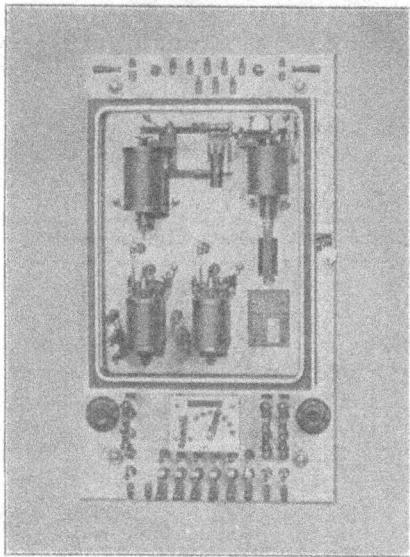

Fig. 49. Tirrillregler für zwei Wechselstrommaschinen. (A. E. G. Berlin.)

schränkten Reglertypen, die gleichfalls wie die vorhergehenden Motorregler zu den indirekt wirkenden Reguliergetrieben zu zählen sind: der Tirrill- und der Thury-Regler.

Der Tirrillregler, gebaut von der Allgemeinen Elektrizitätsgesellschaft, der sowohl für Wechselstrom wie für Gleichstrom in Frage kommt, ändert die Spannung des Generators D durch Änderung der Spannung der (Nebenschluß-) Erregermaschine E, N. Ist Relais-

kontakt c_1, c_2 (Fig. 48) offen, so ist im Nebenschlußkreis N derselben der Widerstand R_2 vorgeschaltet, so abgeglichen, daß der Generator gerade auf Leerlaufspannung erregt wird. Ist Widerstand R_2 dagegen durch Kontakt c_1, c_2 kurzgeschlossen, so gibt der Generator (entsprechend der maximalen Erregerspannung) die der Vollast entsprechende erhöhte Spannung. Der vibrierende Hebel a schließt und öffnet nun ständig den Kontakt, gesteuert von dem Kontaktpaar C_1, C_2 mittels des Magneten e. Dessen eine Spule m ist ständig erregt, zieht also c_1, c_2 entgegen der Feder f auseinander. Die Erregerspannung sinkt, weil jetzt R_2 der Nebenschlußwicklung N vorgeschaltet, weshalb Spule S_1 ihren Kern K_1 und mit ihm den Hebel H_1 durch Federn f_1 hochziehen und die Kontakte C_1, C_2 schließen läßt. In diesem Augenblick wird Spule n erregt, die der Spule m entgegenwirkt; Magnet e verliert also seinen Magnetismus, läßt den Hebel a los und schließt c_1, c_2 wieder. Sogleich steigt die Erregerspannung, Spule S_1 zieht durch ihren Hebel H_1 den Kontakt C_1 wieder von C_2 weg, wodurch auch c_1, c_2 wieder unterbrochen, die Erregerspannung somit verringert wird, und so wiederholt sich das Spiel von neuem, mehrere hundertmal in der Sekunde.

Kontakt C_2 auf dem durch Gegengewicht g ausbalancierten Hebel H_2 steht aber unter dem Einfluß der Spule S_2, seine Lage ist also von der Generatorspannung abhängig. Wird diese z. B. infolge von Entlastung zu hoch, so zieht sie den Kern K_2 höher, Kontakt C_2 sinkt etwas, mit ihm auch C_1 und die Federspannung F_1 nimmt etwas ab. Das Spiel der Kontakte C_1, C_2 erfordert jetzt weniger Zugkraft von seiten der Spule S_1, d. h. die Erregerspannung sinkt, bis bei Erreichung der Normalspannung der Kontakt C_2 seine neue Gleichgewichtslage und F_1 die entsprechende Federspannung eingenommen hat. Das Kontaktpaar C_1, C_2 ist demnach Steuerorgan, Magnet e mit den Kontakten c_1, c_2 der Servomotor und Spule S_1 mit Hebel H_1 die Rückführung.

Kurbel R dient zur Veränderung der konstant zu haltenden Spannung durch Einschalten von mehr oder weniger Windungen der Spule S_2.

Die Regelung mehrerer parallel arbeitender Generatoren erfolgt durch eine einzige, auf diese Weise von der Sammelschienenspannung gesteuerte Erregermaschine oder mehrere vom gemeinsamen Steuerorgan bediente Relaiskontakte c_1, c_2, welche die einzelnen Erreger beeinflussen.

Fig. 49 zeigt die Ausführung eines Tirrillreglers in Übereinstimmung mit der vorigen Skizze, nur sind hier zwei Relais vorgesehen; bei Regulierung nur eines Generators bildet das zweite Relais eine Reserve. Diese Kontakte können natürlich nur eine bestimmte, durch die Magnetkonstruktion des Generators beeinflußte Erregerstromstärke ohne Schaden unterbrechen (maximal 12 Amp. bei 60 Volt), für höhere Erregerleistungen werden demgemäß bis zu vier und mehr Relais (c_1, c_2), parallel geschaltet und von einem gemeinsamen Steuerorgan (C_1, C_2) bedient, verwendet.

Um die rasche Abnutzung der Kontakte durch Funkenbildung bei den Stromunterbrechungen zu verringern, ist zu c_1, c_2 ein Kondensator parallel geschaltet, weil hier der ganze Nebenschlußstrom der Erregermaschine unterbrochen werden muß; außerdem muß die Stromrichtung in allen Kontakten täglich durch die Umschalter U_h und U_r (Fig. 49) umgekehrt werden. Zur Dämpfung von Vibrationen dient eine Ölbremse o.

Den Thuryregler, gebaut von H. Cuénod, Akt.-Ges., Chatelaine bei Genf, dem wir dank seiner vielseitigen Verwendungsmöglichkeiten schon mehrfach begegneten, zeigt als normalen Regler für eine Gleichstrom-Nebenschlußmaschine Fig. 50 mit direkt unten angebautem Widerstand, seine Schaltung ist nach Schema 51 a auszuführen. Sein Aufbau entspricht in allen Teilen genau der früheren Fig. 16 und deren Beschreibung, man erkennt auch die einzige geringe Abweichung im Steuerorgan gegenüber dem dortigen Wechselstromregler; bei Gleichstrom ist der Körper

Fig. 50. Thuryregler für eine Gleichstrom-Nebenschlußmaschine mit Schnurantrieb. (H. Cuénod A.-G.)

der Spule *F* ein einfacher sog. »Topfmagnet« aus Gußeisen, während er bei Wechselstrom (zur Vermeidung von Erhitzung durch Wirbelströme) aus dünnen Blechen bestehen und deshalb eine etwas andere Form erhalten muß.

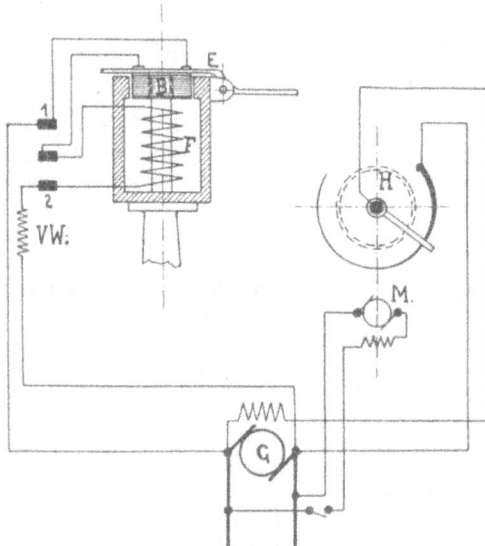

Fig. 51a. Schaltung des Thuryreglers für Gleichstrom.

Bei Regulierung von Wechselstromgeneratoren wirkt der Thuryregler, im Gegensatz zur Bauart Tirrill, nicht auf die Spannung der Erregermaschine ein, diese kann also konstant gehalten werden (Schema 51 b), z. B. durch Compoundierung derselben, was oft erwünscht sein kann.

Die Regelung mehrerer parallel arbeitender Generatoren an einer gemeinsamen Schalttafel gestaltet sich besonders einfach: das Schaltrad *S* (Fig. 52) treibt

mittels Zahnstange und Trieben die Kurbeln der einzelnen Regulierwiderstände R_1, R_2, welche nach erfolgtem Parallelschalten durch Reibungskuppelungen mit jener gemeinsamen Welle gekuppelt werden können. Einem schon vorhandenen normalen Regler können daher jederzeit noch weitere Maschinen bei Vergrößerung der Anlage mit geringsten Änderungen angehängt werden.

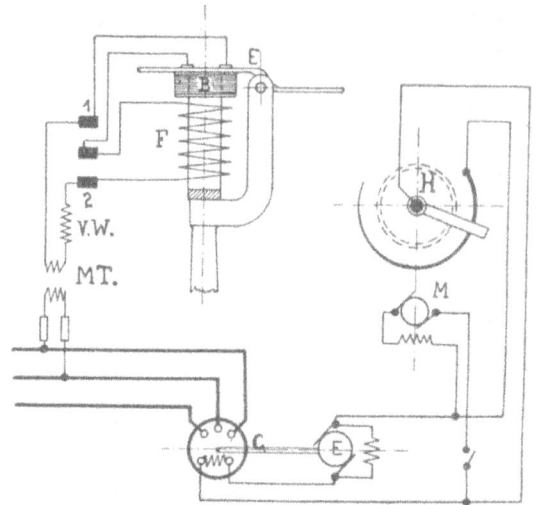

Fig. 51b. Schaltung des Thuryreglers für Wechselstrom.

B. bewegliche Spule ⎫ der magnet. G. Generator.
F. feste Spule ⎰ Wage. VW. Vorschaltwiderstand vor die
H. Klinkenrad des Schaltwerkes. Spannungsspule.
M. Motor für das Schaltwerk. MT. Meßtransformator.
E. Erregermaschine.

Fig. 53 gibt die Ansicht des Reglerfeldes einer Schalttafel für zwei Drehstromgeneratoren; die gemeinsame Betätigungsvorrichtung (Zahnstange) liegt hinter der Tafel, die kleinen Handräder an den Reglerkurbeln betätigen die Kuppelungen.

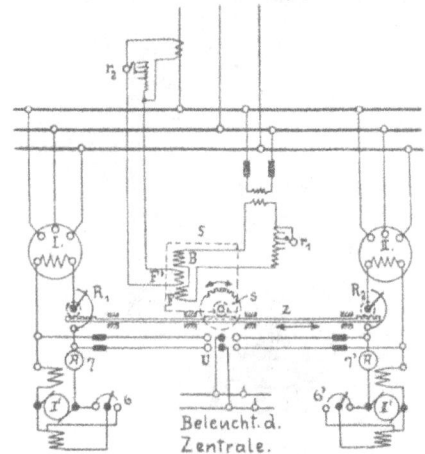

Fig. 52. Schaltung eines Thuryreglers für zwei Drehstrommaschinen.

I, II. Drehstromgeneratoren. r_1, s_2. Justierwiderstände.
I', II'. Erregermaschinen. s. Schaltwerk.
5. Thury-Regler. z. Zahnstange zur gemeinsamen Betätigung beider Regulierwiderstände.
B. bewegliche Spule ⎫ der magnet. R_1, R_2. Regulierwiderstände.
F. feste Spule ⎰ Wage für 6. Erregermaschinen-Regulatoren.
F. feste Stromspule der magnetischen Wage. 7. Erregermaschinen-Amperemeter.

Wie mit der übercompoundierten Gleichstrommaschine, so läßt sich auch mit dem Tirrill- und Thuryregler ein automatischer Ausgleich der Leitungsverluste und somit konstante Spannung an der Konsumstelle durch Übercompoundierung erzielen. Als Beispiel ist der Thuryregler der Drehstromanlage in Fig. 52 gewählt. Es ist hier nur die feststehende Spule F mit einer Zusatzwicklung F' versehen, die von einem dem abgegebenen Strom proportionalen Zweigstrom durchflossen wird und der Spannungsspule F entgegenwirkt. Steigt die Belastung des Netzes, so bringt diese Hauptstromwicklung durch Schwächung der Anziehungskraft der Spannungsspule dieselbe Wirkung hervor, als ob die Spannung sinken würde, der Regler erregt also den Generator mehr. Die Justierwiderstände r_1, r_2 dienen zur Veränderung der Normalspannung in engen Grenzen von Hand.

Genau in gleicher Weise tritt auch beim compoundierten Tirrillregler eine Hauptstromwicklung zur Spule S_2 hinzu. Sie ist normal bei allen Apparaten bereits vorhanden (in Fig. 48 zur größeren Übersichtlichkeit fortgelassen) und wird, wenn keine Kompoundierung gewünscht, einfach nicht angeschlossen.

den vorgenannten einfacher gebauten an Zuverlässigkeit des Arbeitens nach, aber immerhin bedürfen alle Kontaktstellen einer gewissenhaften Revision und Instandhaltung und damit einer geschulten, sorgfältigen — wenn auch nur etwa täglich einmaligen — Bedienung. Sie sind deshalb für solche Betriebe geschaffen, in welchen z. B. eine gute Handregulierung wegen stark schwankender Belastung unmöglich ist (vgl. Fig. 54) und die vorhandene, aber gute Bedienungsmannschaft möglichst gering gehalten werden soll; kann dann doch in jeder Schicht ein Mann gespart werden.

Was die Schnelligkeit der Regulierung zwischen Leerlauf- und Vollasterregung oder — mit der entsprechenden turbinentechnischen Bezeichnung — die »Schlußzeit« anlangt, so sind hier ungleich schwerere Bedingungen zu erfüllen wie im Turbinenreglerbau. In letzterem läßt sich die Tourensteigerung durch geeignet große Schwungmassen auf einen längeren Zeitraum von Sekunden hinausziehen; im elektrischen

Fig. 53. Erregerfeld mit Thuryregler für zwei Wechselstrommaschinen. (H. Cuénod A.-G.)

Nach diesem Überblick über die gewöhnlichen Systeme der elektrischen Regulierung — einige ungewöhnlichere Ausführungen sollen noch folgen — erübrigt eine kurze Gegenüberstellung der einzelnen Arten.

Was Einfachheit des Baues anlangt, stehen die Solenoidregler unbestritten an erster Stelle; sie dürften sich auch in der Anschaffung am billigsten stellen. Ihre Empfindlichkeit ist zufriedenstellend (1 bis 2 % der Normalspannung).

Ihnen folgt unmittelbar der Thuryregler. Die Komplikation, die ihm manchmal vorgeworfen wird, ist keineswegs vorhanden, abgesehen davon, daß alle Teile Schablonenarbeit und leichtestens auszuwechseln sind und sich seit zwölf Jahren bewährten. Im Vergleich z. B. zu den Klinkenreglern mit doppeltem Klinkenwerk von Piccard, Pictet oder den alten Pfarrschen Reglern, die als Turbinenregler ganz bedeutende Kräfte zu übertragen hatten und bis heute funktionieren, ist der Thuryregler entschieden noch einfacher. Seine Empfindlichkeit ist wegen der äußerst geringen zu bewegenden Massen im Steuerorgan beliebig fein, er kann bereits bei einer Spannungsänderung von 0,25 % in Tätigkeit treten. Mit solchen Empfindlichkeiten darf man allerdings nicht arbeiten, denn wenn z. B. die Spannungsänderung beim Regulieren von einem Kontakt auf den nächsten 1 % beträgt, darf auch die Empfindlichkeit des Steuerorgans nicht höher eingestellt sein; sonst würde der Apparat sogleich wieder um eine Stufe rückwärts regulieren und in dauerndes Pendeln zwischen zwei Kontakten geraten.

Komplizierter im Aufbau sind alle mit elektrischen Kontakten arbeitenden Vorrichtungen: Die Regler mit Schaltmotoren und der Tirrillregler. Dank der vorzüglich durchgebildeten Details stehen diese Apparate

Generator aber ändert sich die Spannung fast momentan mit der Belastung bzw. deren Rückwirkung auf das magnetische Feld.[28]) Es gibt kein Mittel zur Verzögerung dieser Änderung, bei zu erwartenden groben Belastungsstößen kann demnach die Reguliergeschwindigkeit gar nicht groß genug genommen werden.

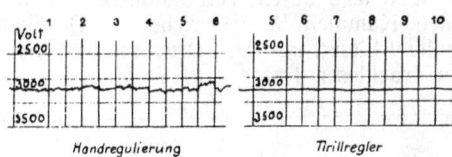

Fig. 54. Spannungsdiagramm einer Zentrale ohne und mit automatischer Regulierung. (Tirrillregler der A. E. G. Berlin.)

Am schnellsten arbeitet der Tirrillregler, dessen bewegtes System nur die leichten Kontaktstifte zu tragen hat. Ihm folgt der Thuryregler. Bei der Schaltgeschwindigkeit von 0,4 Sekunden für eine Stufe würde an einem Drehstromgenerator unter der Voraussetzung, daß jeder Widerstandsstufe ca. 1 % Spannungserhöhung entspricht[29]), der Abfall von etwa 25 % zwischen Leerlauf und Vollast in 10 Sekunden ausgeglichen sein; eine Geschwindigkeit, die sich auch bei allen nicht gerade extremen Fällen im Kraftbetrieb als ausreichend erwiesen hat. Eine Steigerung der Geschwindigkeit ist aber schon bis zu 0,215 Sekunden für eine Stufe, entsprechend 5½ Sekunden im obigen Beispiel, manchmal ausgeführt worden.

[28]) Eine Verzögerung infolge der magnetischen Trägheit (Selbstinduktion) des Ankers ist vorhanden, aber sehr gering.
[29]) Von den normalen 40 Kontakten stehen beiderseits einige für Über- und Unterspannung in Reserve.

Um ihre Konstruktion auch den äußersten Anforderungen anzupassen, gingen die Ateliers H. Cuénod
in neuester Zeit bei ihrem »Schnellregler« vom
Klinkengetriebe ab und gelangten mit Verwendung
von Drucköl als Übertragungsmittel den Turbinenreglern noch näher. Nach Fig. 55 erhält eine kleine
Zentrifugalpumpe z das Öl in dem als Windkessel dienenden Teil a des Behälters unter Druck, das überschüssige
Öl tritt durch Sicherheitsventil b in den Vorratsraum c
zurück. Ein Kolbenschieber d, in dessen Ringraum e
der Öldruck herrscht, setzt je nach seiner Ablenkung

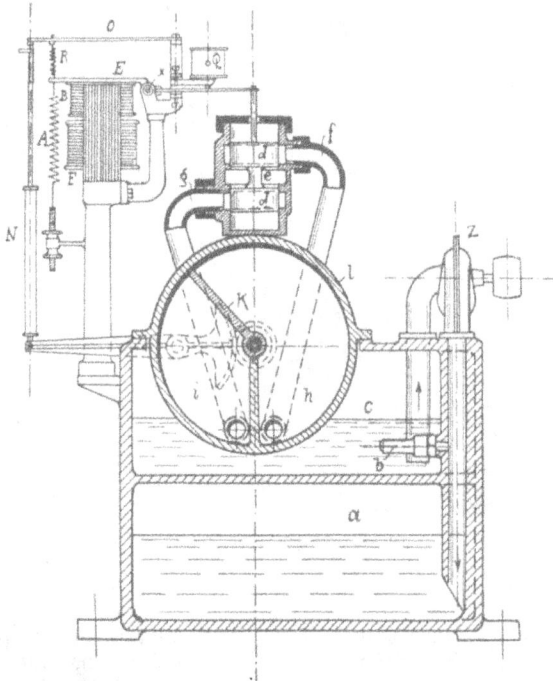

Fig. 55. Schema eines Thurryschnellreglers.
(H. Cuénod A.-G.)

Wenn die Spannung beispielsweise zu niedrig
wird, sinkt Spule B, der Kolbenschieber d wird gehoben
und läßt einerseits Drucköl von a nach Kammer h
treten, anderseits das in i befindliche Öl nach dem Behälter c austreten; bei reichlicher Bemessung aller
Durchflußquerschnitte im Verhältnis zur Drehkolben-
fläche wird dieser also sehr rasch gedreht, bis die Rückführung den Kolbenschieber wieder in seine Mittellage
gebracht hat. Wie schnell diese Vorrichtung arbeitet,
ist am besten aus dem Diagramm Fig. 56 zu erkennen.
Es handelte sich dabei um die Gewaltprobe des ersten
Schnellreglers an einem 1300 KW-Turbogenerator, wobei 25 % Spannungsabfall zwischen Vollast und Leerlauf auszugleichen waren; der Stufenschalter des Reglers
war für 150 Amp. Erregerstrom bemessen und hatte
demzufolge eine beträchtliche Reibung auf seiner Kon-
taktbahn zu überwinden. Die gestrichelten Kurven

Fig. 57. Thury-Schnellregler für zwei Wechselstromgeneratoren.
(H. Cuénod A.-G).

aus der Mittellage durch Verbindungskanäle f, g eine
der beiden Kammern h, i, welche der Drehkolben k
im Zylinder l bildet, mit dem Druckraum a, die andere
mit dem drucklosen Raum c in Verbindung. Auf der

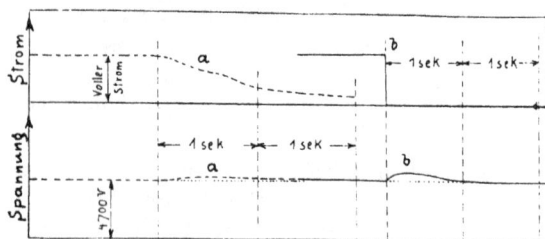

Fig. 56. Regulierdiagramm eines Thuryschnellreglers an einem
1300-KW-Turbogenerator.

Achse des Drehschiebers ist z. B. die Reglerkurbel aufgesetzt. Die Steuerung des Kolbenschiebers erfolgt
durch die schon bekannte magnetische Wage mit Rückführung in gewöhnlicher Weise (vgl. Fig. 16). Es sei
darauf hingewiesen, daß Fig. 55 nur eine Prinzipskizze
des Apparates sein soll; das Steuerventil ist in Wirklich-
keit durch vorgesteuerte Differentialkolbenschieber ersetzt (wie bei Turbinenreglern), um den Verstellungs-
widerstand für die magnetische Wage möglichst gering
zu halten.

geben Strom und Spannung bei voller Entlastung
innerhalb rd. 2 Sekunden, der Regler arbeitete fast
ebenso schnell und ließ nur eine maximale Spannungserhöhung von ca. 6 % aufkommen. Die ausgezogenen
Kurven geben den Verlauf für plötzliche volle Entlastung (Auslösen des Generatorschalters); in etwa
1 Sekunde hatte der Regler seine ganze Bahn von 40 Kontakten durchlaufen und die Spannungssteigerung auf
12 % herabgemindert. Die Spannungskurve verläuft
so tadellos gedämpft, wie es das Tachogramm eines
Turbinenreglers kaum erreichen läßt.

Das Schaubild 57 zeigt einen solchen Schnellregler
für zwei parallel arbeitende Wechselstrommaschinen,
deren beide Kontaktkurbeln gleich auf der gemeinsamen
Welle ohne Zwischentriebe, mit Handrädchen einzeln
einkuppelbar, sitzen. Der kleine Elektromotor dient
zum Betrieb der Öldruckpumpe; am freien Hebelarm
der elektromagnetischen Wage hängt vermittelst des
sichtbaren Stängelchens der Vorsteuerstift des Differential-
steuerkolbens. Die magnetische Wage sowie die Rück-
führungsteile mit Isodromvorrichtung entsprechen genau
der bereits bei den Fig. 16 usw. gezeigten Ausführung.

Zum Schlusse der verschiedenen Regulierungsarten
für die Generatoren ist noch eine, durch ihre Einfachheit
zunächst bestechend erscheinende Anordnung zu nennen:
die Erzielung konstanter Spannung bei Gleichstromanlagen nur durch automatische Regulierung
der Dynamo allein, getrieben von einer regu-

l a t o r l o s e n Turbine, deren Drehzahl sich der jeweiligen Belastung frei anpaßt.

Ein Beispiel hierfür findet sich in der Z. f. d. ges. Turbw. 1909, S. 13; die Schwierigkeiten, den Generator auch bei geringer Belastung, also sehr übernormaler Drehzahl, noch gut (funkenfrei) arbeiten zu lassen, steht aber einer größeren Verbreitung im Wege. Sogar mit Wendepolmaschinen dürften Tourenerhöhungen von mehr als 50 % bei der stets vorhandenen Selbsterregung nicht mehr zu überschreiten sein, um ein Labilwerden der Maschine, d. h. ein plötzliches Spannungsloswerden bei geringer Belastungsabnahme, zu vermeiden. Die Verhältnisse liegen für jede Maschine anders, entsprechend ihren magnetischen Eigenschaften. Die Ateliers H. Cuénod, die dem Verfasser auch in diesem Punkt mit ihren speziellen Erfahrungen entgegenkamen, geben den anderen, wenn auch scheinbar nicht so einfachen Lösungen stets den Vorzug. Nur in leichteren Fällen, besonders im Lichtbetrieb mit seinen langsamen und ziemlich regelmäßigen Belastungsänderungen, ist das Verfahren eher zulässig. Genannte Firma sieht dann eine Alarmvorrichtung am automatischen Regler vor, die den Wärter ruft, wenn der verhältnismäßig enge Regulierbereich der Dynamo sich den Grenzen nähert und zum weiteren Öffnen oder Schließen der Turbine auffordert. Größere Bedeutung hat dieses System demnach nicht zu beanspruchen.

Nachdem nun die mehr oder weniger allgemein üblichen Systeme zur Erzielung einer bestimmten Spannung im Verteilungsnetz auf mechanischem Wege zusammengestellt waren, erübrigt es sich noch, einige besondere Anordnungen darzustellen, die gleichfalls ein möglichst selbsttätiges Arbeiten der ganzen Anlagen bezwecken.

b) Asynchrone Anlagen.

Nicht selten tritt der Fall ein, daß die Ausnutzung einer Wasserkraft in mehreren räumlich getrennten Werken zu erfolgen hat, etwa beim Ausbau verschiedener Gefällsstufen; sei es, daß eine stufenweise Ausnutzung von vornherein nötig ist (wie bei Kanalanlagen) oder sich später bei Erweiterungen ergab. Das Parallelarbeiten oft weit auseinanderliegender Werke — es kommt nur Wechselstrom in Betracht — ist aber nicht gerade einfach; es erfordert zum mindesten größte Aufmerksamkeit und stete telephonische Verständigung des Schalttafelpersonals oder der Betriebsführungen der einzelnen Werke und legt bei Störungen oder Fehlgriffen in einem Werke leicht einen größeren Teil des Betriebs vorübergehend lahm. Man hat daher bei manchen Anlagen schon auf die gegenseitige momentane Aushilfe ganz verzichtet und jeder Zentrale ein eigenes Versorgungsgebiet zugeteilt, wobei natürlich im Bedarfsfall leicht herzustellende Umschaltungen vorzusehen sind.

Für einen solchen Fall der Kraftgewinnung in mehreren Zentralen für ein gemeinsames Netz hat die Maschinenfabrik Örlikon in Örlikon bei Zürich ein besonderes System ausgearbeitet und zuerst bei den drei Anlagen am Rheintalischen Binnenkanal[30] an der österreichisch-schweizerischen Grenze im Jahre 1906 mit bestem Erfolg in Betrieb gebracht: die a s y n c h r o n e n Z e n t r a l e n im Parallelbetrieb mit einer normalen synchronen Anlage als Kommandostelle.

Zum Verständnis des Prinzipes sei ein kurzes Eingehen auf die elektrotechnischen Grundlagen gestattet. Der Drehstrom- (oder Wechselstrom-) Generator nach der üblichen Vorstellung ist eine Synchronmaschine, d. h. die Periodenzahl des von ihm gelieferten Stromes

[30]) Pasching, Die Elektrizitätswerke am Rheintalischen Binnenkanal; E. T. Z. 1907, Heft 42 u. 43.

ist allein von seiner Tourenzahl abhängig, sie ist $v = p \cdot \dfrac{n}{60}$, wenn p die Polpaarzahl des Generators ist. Dieselbe Maschine läßt sich auch als Motor betreiben, dann ist naturgemäß ihre Tourenzahl $n = \dfrac{60 \cdot v}{p}$; würde sie zu einem langsameren Lauf (etwa durch hohe Überlastung) gezwungen, dann bleibt sie stehen, weil sozusagen ihr separat mit Gleichstrom erregtes Feld dem mit obiger Geschwindigkeit rotierenden Feld des eingeleiteten Betriebsstromes nicht mehr folgen kann, keine konstante gegenseitige Anziehung mehr stattfindet.

Anders die asynchrone Maschine, gewöhnlich unter »Drehstrommotor« verstanden, die mit ihrem kurzgeschlossenen Anker in dem vom Betriebsstrom gespeisten Stator einen Transformator darstellt. Denken wir uns dessen Anker (Rotor) genau mit der obigen der Periodenzahl des zugeführten Betriebsstromes entsprechenden Tourenzahl fremd angetrieben, so folgt aus der allgemeinsten Transformatorgleichung:

$$E = \frac{2 \cdot \pi}{\sqrt{2}} \cdot v' \cdot N_0 \cdot w \cdot 10^{-8} \text{ Volt, mit der Periodenzahl } v'$$

zwischen Anker und Feld (als Differenz zwischen der Periodenzahl des Netzes und jener, welche der Tourenzahl des Ankers entspricht) $= 0$ auch $E = 0$, d. h. in den Anker wird jetzt (im Synchronismus) keine Spannung hineintransformiert. Der Ankerstrom ist Null

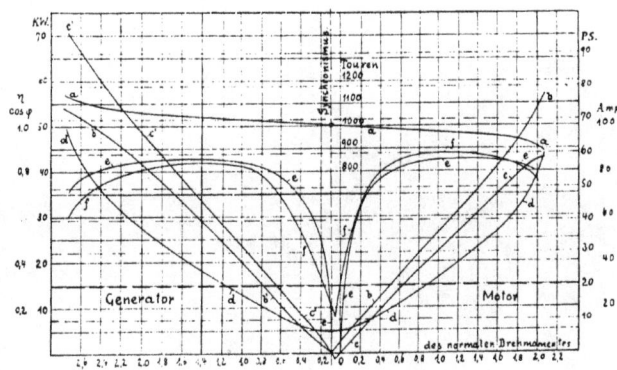

Fig. 58. Diagramm einer Asynchronmaschine.

a: Tourenzahl.	c: dem Generator zugeführte mechan. Leistung PS.
b: dem Motor zugeführte elektrische Leistung KW.	
b': vom Generator abgegebene elektrische Leistung KW.	d: Stromstärke Amp.
c: vom Motor abgegebene mechan. Leistung PS.	e: Wirkungsgrad.
	f: cos φ.

(das Feld nimmt aber einen gewissen um 90° verschobenen Magnetisierungsstrom auf, Diagramm Fig. 58). Soll der Anker ein widerstehendes Drehmoment (Kurve c) überwinden, die Maschine also als Motor laufen, so muß im Anker ein magnetisches Feld vorhanden sein, welches gemeinsam mit jenem des Stators die Rotation bewirkt. Der Anker wird in seiner Rotation gerade so viel hinter der Drehzahl des Feldes im Stator zurückbleiben, daß gemäß der obigen Gleichung die zur Erregung des Ankerfeldes nötige Spannung in ihn hineintransformiert wird; dies ist bei der im Diagramm dargestellten Maschine für das normale Drehmoment $= 1,0$ bei 970 Touren erreicht. Diese prozentuelle Differenz zwischen idealer Drehzahl (= jener des zugeführten Stromes) und wirklicher Drehzahl des Ankers (Kurve a) ist die »Schlüpfung«, hier also 3 %. Je mehr der Motor belastet wird, desto kräftiger muß sein Ankerfeld, desto größer demnach seine Schlüpfung werden (Diagramm, rechte Hälfte). Die in den Anker hineingebrachte elektrische Leistung W_{2e} geht in Erwärmung auf und ist sonach Verlust, ihr Verhältnis zu der an der Ankerwelle abgenommenen mechanischen Leistung $W_{2m}: \dfrac{W_{2e}}{W_{2m}}$ ist gleich der Schlüpfung. Treiben wir nun den Anker mit einer höheren Tourenzahl, als der Periodenzahl des Netzstromes im Stator entspricht, »übersynchron« von außen an (Fig. 58, linke Hälfte), so wird die Schlüpfung negativ, die in den Anker hineingezwungene mechanische Leistung (Kurve c') muß in Form von elektrischer Leistung (Kurve l') in das Netz hinausgegeben werden oder mit anderen Worten kehrt in der obigen Formel

diese ist nur im Hauptwerk mit synchronen Generatoren nötig und hat hier durch Änderung der Tourenzahl ihrer Maschinen und Regelung ihrer Spannung die sämtlichen asynchronen Nebenwerke, deren Leistung auch größer als die des Hauptwerkes sein kann, unter ihrer Gewalt. In den Nebenwerken ist nur je ein Mann anwesend, der die Schmierungen zu versorgen und auf telephonische Weisung vom Hauptwerk her je nach dem augenblicklichen Strombedarf seine Turbinen anzulassen oder abzustellen hat und mithin ein gewöhnlicher Hilfsarbeiter sein kann.

Das System wird seine Vorteile am besten an der Darstellung einer der fünf Anlagen, welche Örlikon

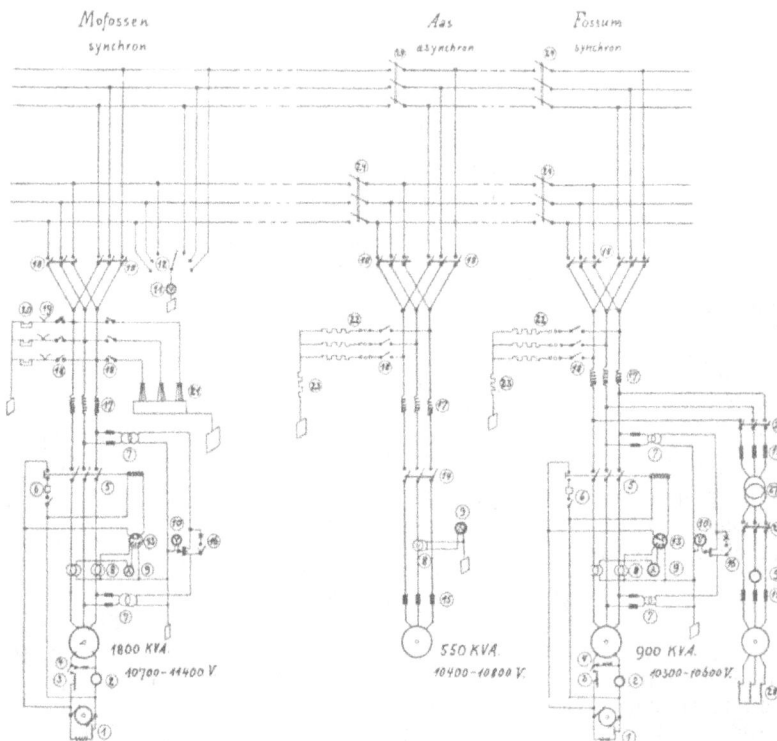

Fig. 59. Schaltschema der Kraftanlage Fossum-Myren-Aas; letztere mit asynchronem Generator. (Masch.-Fabr. Örlikon).

1. Erreger-Nebenschluß-Widerstand.
2. Erreger-Amperemeter.
3. Erreger-Hauptstromwiderstand.
4. Feldausschalter des Generators.
5. Ölausschalter mit Maximalauslösung.
6. Signalglocke hierzu.
7. Spannungs-Meßtransformator.
8. Strom-Meßtransformator.
9. Amperemeter für den Maschinenstrom.
10. Voltmeter mit Umschalter.
11. Isolationsmesser (statisches Hochspannungsvoltmeter).
12. Umschalter hierzu.
13. 2-poliges Maximalrelais zur Auslösung von 5.
14. Ölausschalter.
15. Sicherungen.
16. Phasenlampe mit Schalter zum Parallelschalten.
17. Drosselspulen.
18. Trennschalter.
19. Hörner-Blitzschutzvorrichtung.
20. Wasserwiderstandhierzu.
21. Wasserstrahl-Erder.
22. Walzen-Blitzschutzvorrichtung.
23. Kohlenwiderstände hierzu.
24. Hochspannungs-Stangenschalter.
25. Hochspannungs-Zugschalter.
26. Moment-Hebelschalter.
27. Transformator von 25 KVA.
28. Anlasser.

W_{2e} sein Vorzeichen um. Der zur Magnetisierung des Ankers nötige wattlose, keine Energie verzehrende (weil gegen die Spannung um 90° nacheilende) Strom wird natürlich dem Netz entnommen. Bei konstanter Spannung und Periodenzahl des Netzes entspricht einer bestimmten Drehzahl (a) der Antriebmaschine (das ist einer bestimmten negativen Schlüpfung) stets ein fest bestimmter Wert für das aufzuwendende Drehmoment (c') und für die abgegebene elektrische Leistung (b'), irgendeine Regulierung des Generators ist nicht vorhanden; nur die antreibende Turbine hat konstante Drehzahl einzuhalten. Ein Vergleich der Spannungs- und Phasenübereinstimmung beim Parallelschalten mit dem Netz ist überflüssig, und damit fällt das Vorhandensein einer geschulten Bedienung überhaupt fort;

bisher in Betrieb gebracht haben, nach den von der Erbauerin gütig überlassenen Unterlagen zeigen.

Die Holzschleiferei Myren (Norwegen) mit 2760 PS Motorenleistung erhält ihre Antriebskraft aus einem Drehstromnetz von 10 000 Volt Verbrauchsspannung (vgl. Schaltschema Fig. 59). Dieses wird durch drei getrennte Wasserkraftwerke gespeist: Mofossen mit 2000 PS (Generator 1800 KVA, $\cos \varphi = 0{,}775$), Fossum mit 525 PS (Generator 900 KVA, $\cos \varphi = 0{,}40$), diese beiden mit synchronen Generatoren, und durch das asynchrone Nebenwerk Aas mit 700 PS Turbinenleistung. Jede Zentrale enthält nur einen Maschinensatz. Da beide Synchronwerke in der Hauptsache gleich ausgerüstet sind, kann die genauere Darstellung des Werkes Fossum genügen.

Vom Generator geht die Leitung (Schema Fig. 59) durch zwei Strommeßtransformatoren (8), deren einer das Amperemeter (9) speist, über den Ölschalter (5) mit Maximalauslösung, welche durch ein zweipoliges Relais (13) von den beiden Stromtransformatoren strecken zwischen Rollen mit dahinter geschalteten Kohlenwiderständen zur Dämpfung des beim Funktionieren auftretenden Kurzschlusses (22), sowie ein solcher Widerstand (23) in der gemeinsamen Erdleitung.

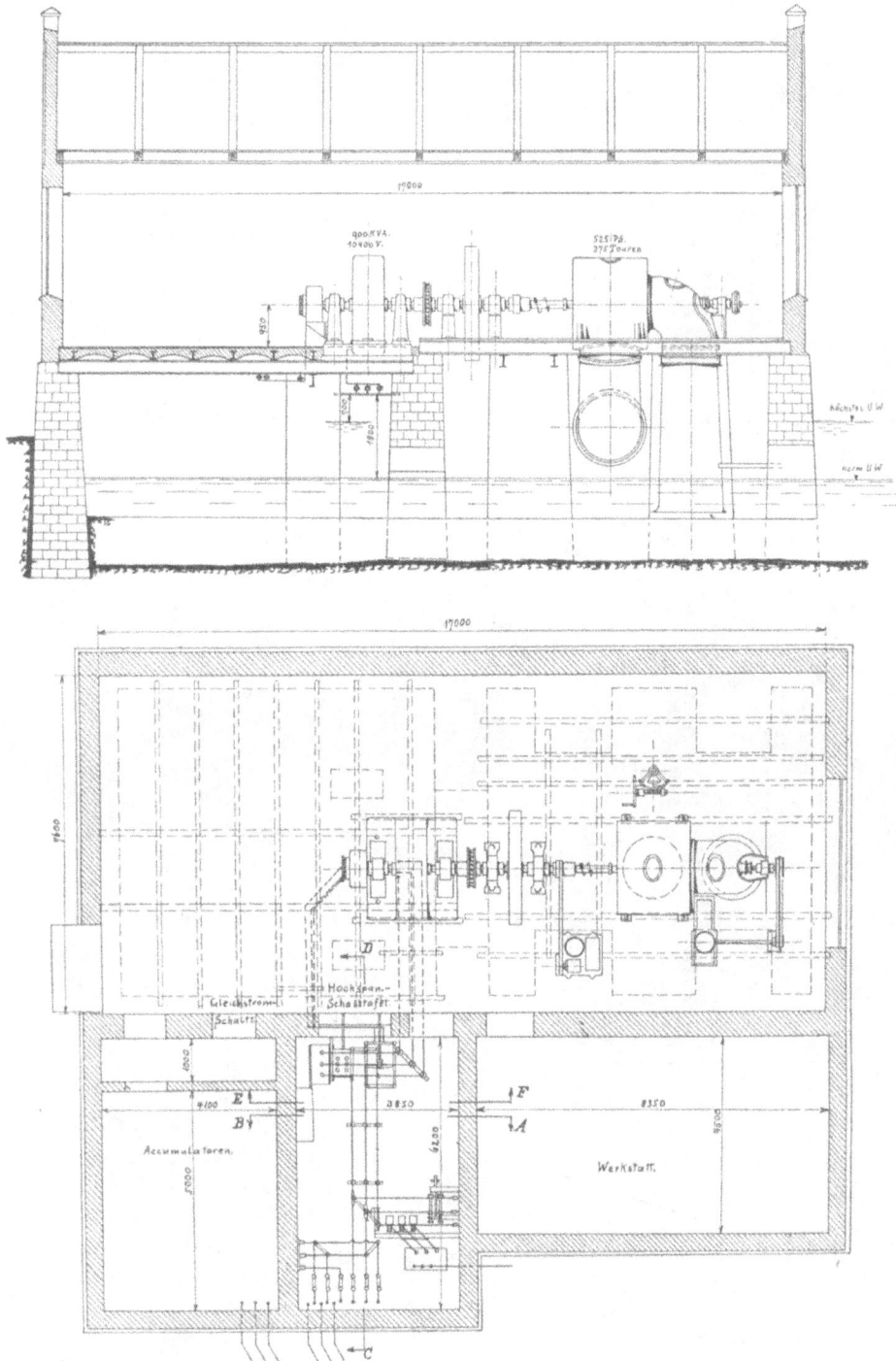

Fig. 60. Zentrale Fossum.

beeinflußt ist. Der Hilfsstrom wird der Erregermaschine entnommen. Das Voltmeter (10) ist auf Maschine und (zum Parallelschalten) auf Netz umschaltbar, für letzteren Zweck ist eine Phasenlampe (16) vorgesehen, deren Erlöschen den richtigen Zeitpunkt zum Einschalten zeigt. Als Schutz gegen Überspannungen dient neben Drosselspulen (17) eine Kombination von Funken-

Im Werk Mofossen sind an deren Stelle Hörnerableiter (19) mit Wasserwiderständen verwendet; außerdem enthält diese Zentrale, wie auch die Verbrauchsanlage in Myren, zum Schutz gegen statische Ladungen der Fernleitung einen Wasserstrahlerder (21), der solche Ladungen ständig über den hohen Widerstand eines fließenden Wasserstrahles zur Erde abführt. Ferner ist zur sofortigen Kontrolle des Isolationszustandes der ganzen Anlage ein statisches Hochspannungsvoltmeter als Isolationsmesser (11) vorgesehen, das mit Umschalter (12) die Gleichheit der Spannungen zwischen jedem Draht auf eine beliebige Leitung umgeschaltet werden. Einzelne Leitungsstrecken können durch Trennschalter (24) in den Zentralen ausgeschaltet werden, so daß weitestgehende Betriebssicherheit gewährt ist.

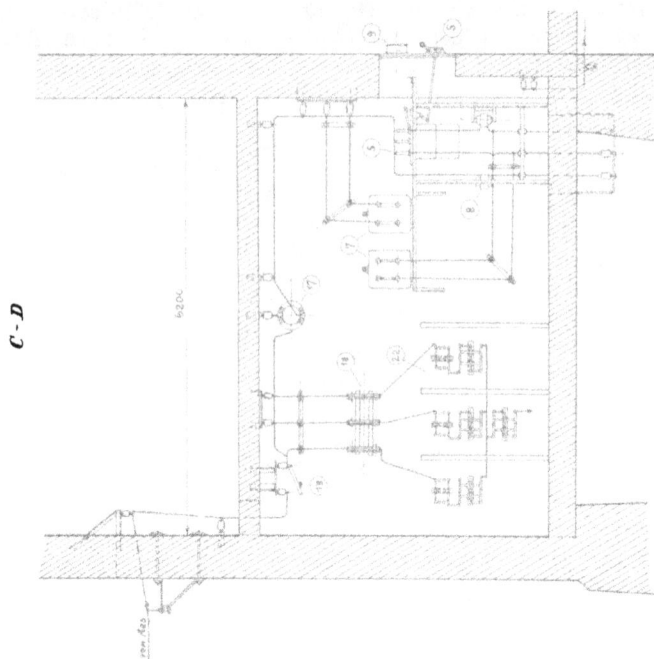

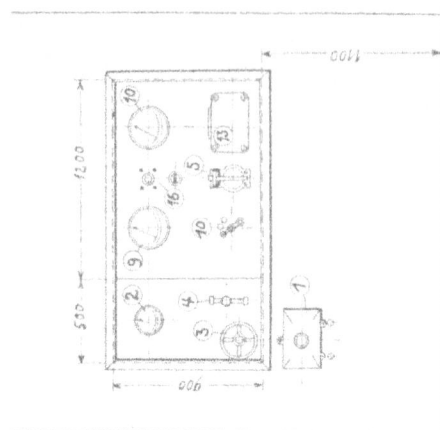

C - D

A - B.

Fig. 61 a. Schalttafel in Fossum und Mofossen.

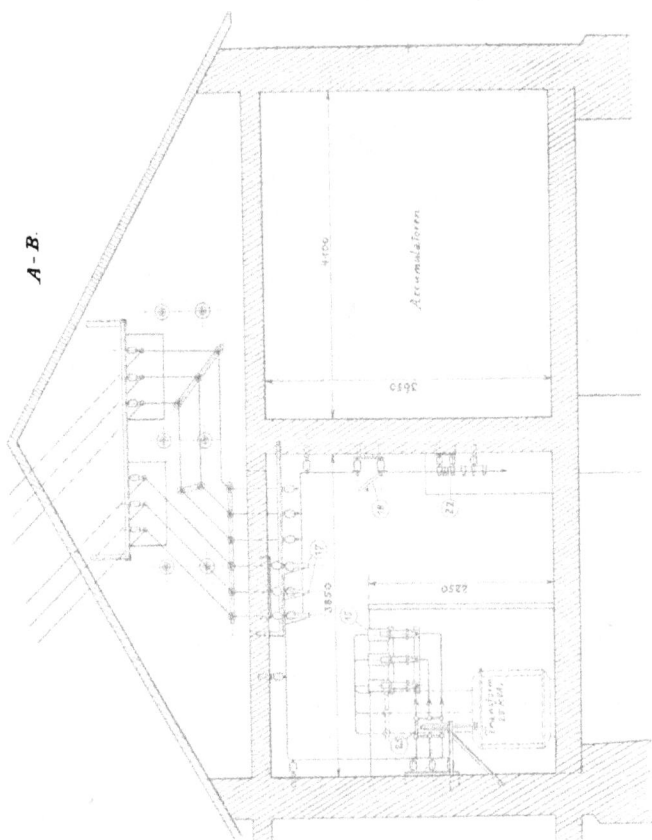

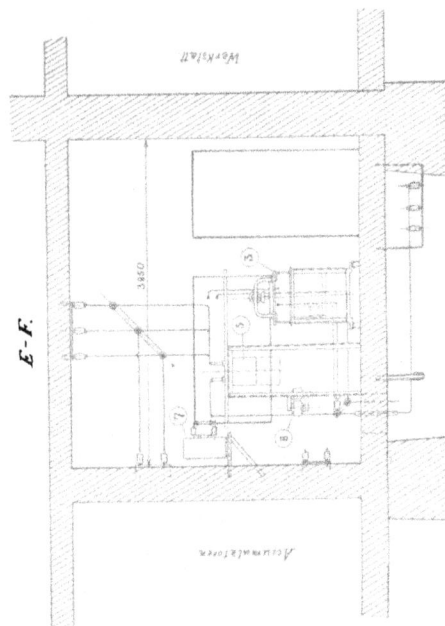

E - F.

Fig. 61. Schaltanlage der Zentrale Fossum.

und Erde zu kontrollieren gestattet. In Fossum ist noch ein Motor für den Werkstattbetrieb aufgestellt. Die drei Zentralen sind unter sich und mit dem Verbrauchsort zur größeren Sicherheit gegen Störungen durch eine doppelte Leitung verbunden; jede Zentrale kann mit Trennschaltern (18) in stromlosem Zustand

Die räumliche Anordnung der Zentrale Fossum zeigt Fig. 60, an der besonders der vollständig für das Unterwasser freie Raum unter dem Maschinenhaus gegenüber unseren Verhältnissen auffällt. Für den Stationsbedarf ist eine eigene Gleichstromanlage mit Batterie vorhanden. Die Anordnung des Schaltraumes

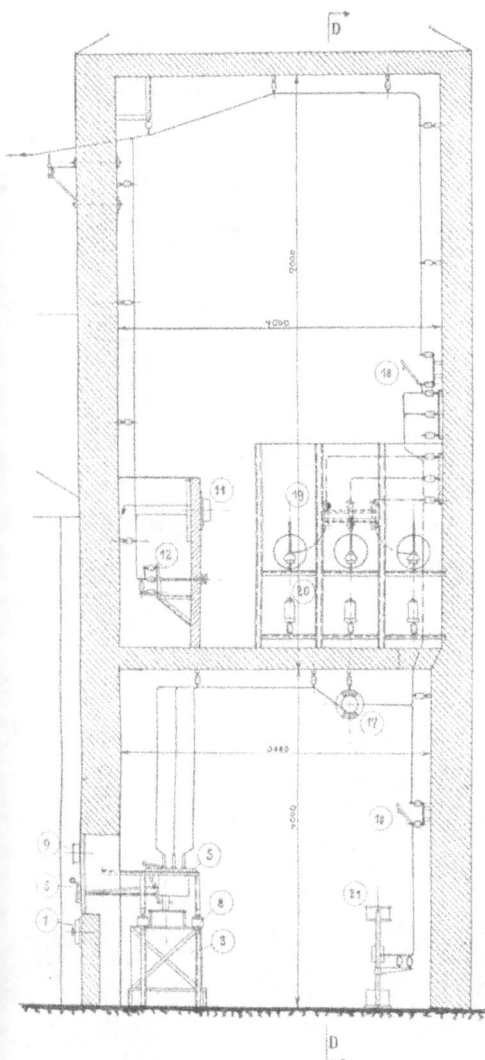

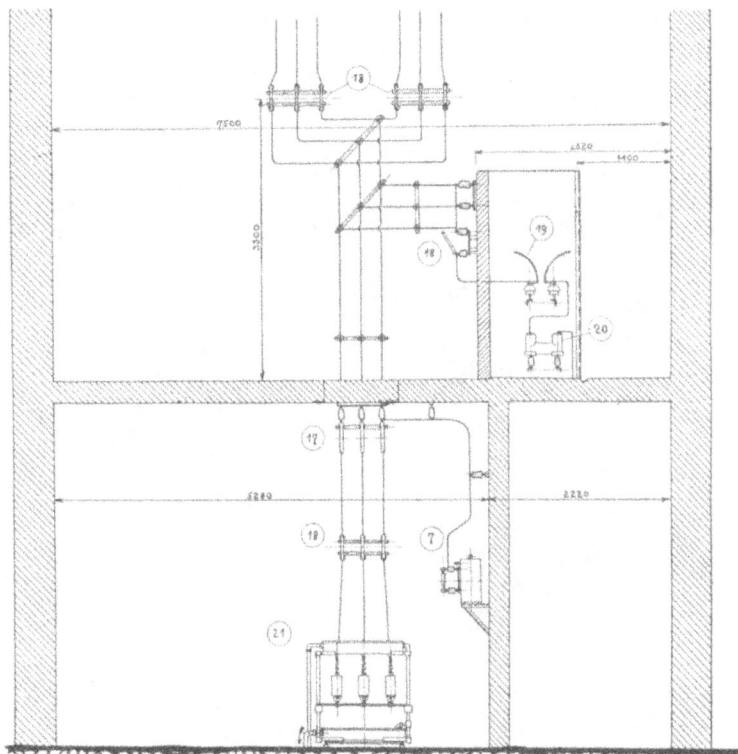

Fig. 62. Schaltanlage der Zentrale Mofossen.

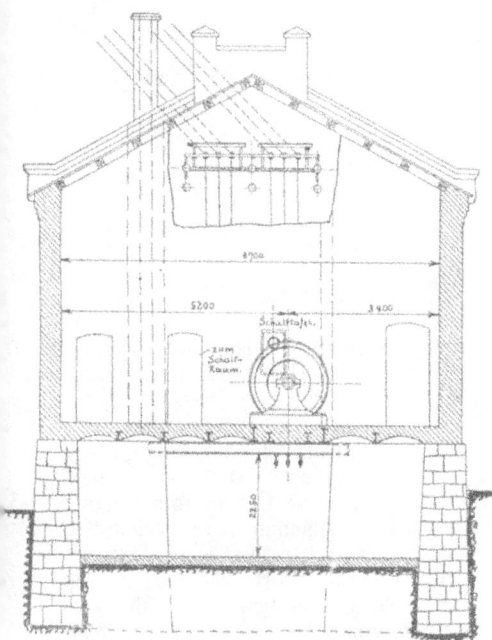

Fig. 63.
Asynchrone Zentrale Aas.

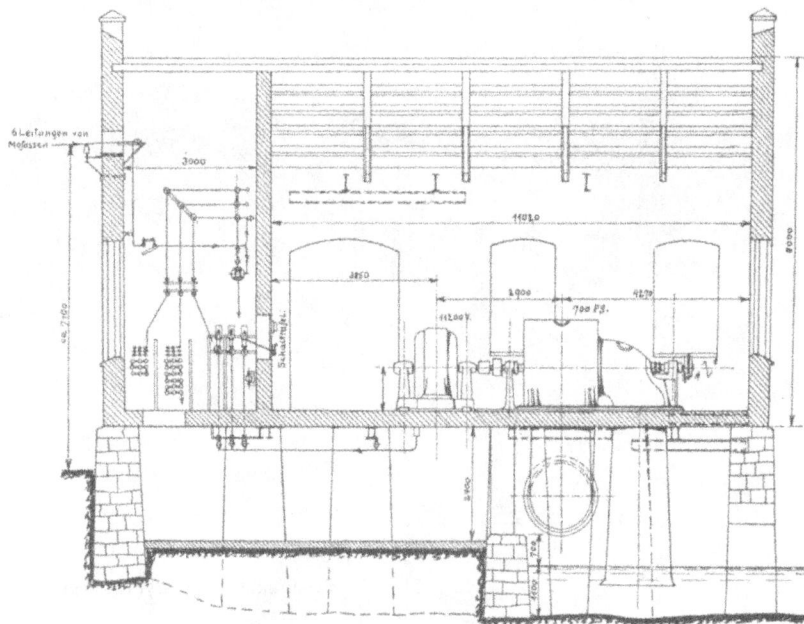

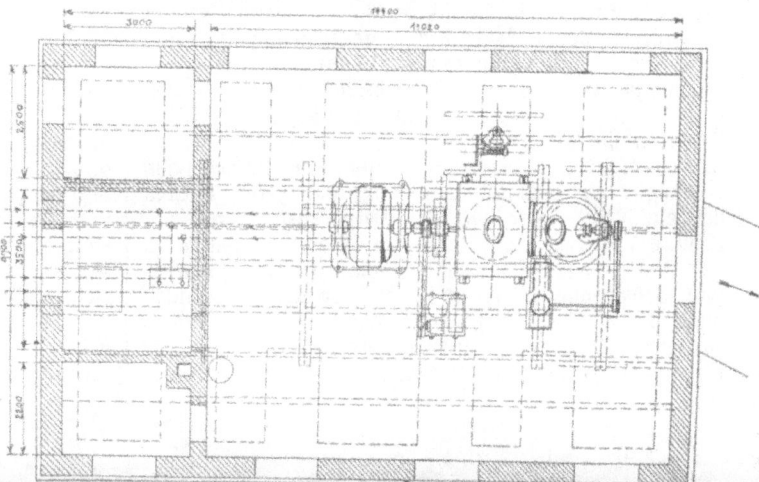

ist aus den Schnitten Fig. 61 zu entnehmen, deren Bezeichnungen mit dem Schema 59 übereinstimmen, woraus sich die einfache Leistungsführung von der Maschine her über die Stromwandler (8) durch den Ölschalter (5), vor und hinter dem die Spannungswandler (7) angeschlossen sind, durch die Drosselspulen (17) und die Trennschalter (18) ins Freie leicht verfolgen läßt. Sicherungen sind in Anbetracht der hohen zu unterbrechenden Leistung und Spannung

in der Breite wenig ausgenutzt ist. Einen Schnitt durch diese Schalträume zeigt Fig. 62; die Hörnerableiter, die wegen ihrer Lichtbogenbildung ziemlich freien Raum beanspruchen, nebst dem Isolationsmesser haben im Obergeschoß Aufstellung gefunden.

Das asynchrone Kraftwerk Aas zeigt in seiner baulichen Anordnung Fig. 63; die 700 PS-Kesselturbine treibt einen normalen Drehstrom-Asynchronmotor für 11 200 Volt, 550 KVA, der als Motor 700 PS leisten

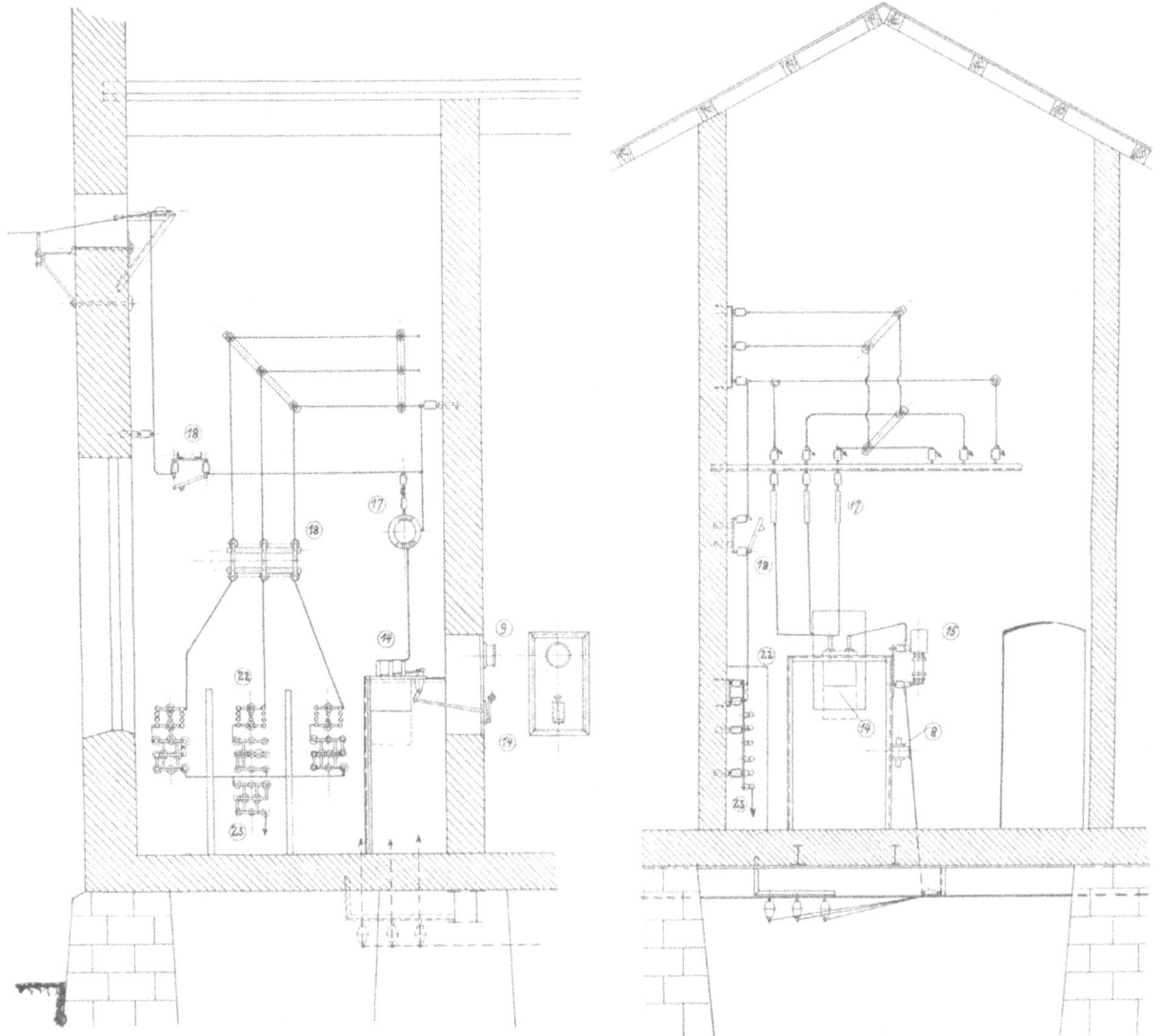

Fig. 64. Schaltanlage der asynchronen Zentrale Aas.

nach modernen Gesichtspunkten nicht verwendet (außer zum Schutz der Meßtransformatoren), desgleichen sind die Überspannungsschutzapparate durch feuersichere Wände getrennt. Eine Vorderansicht der Schalttafel, links das Erreger-, rechts das Generatorfeld, gibt Fig. 61 a. Der Rauminhalt der Schaltanlage (dieser ist hier, wo es sich nicht um die Baulichkeiten, sondern um den Umfang der Apparatenausrüstung und deren Kosten handelt, wohl vorteilhaft als Vergleichsmaßstab einzuführen) beträgt rd. 87 cbm bei 24 qcm Bodenfläche.

Die Anlage Mofossen ist ähnlich durchgebildet; ihre Schaltanlage, die wohl aus örtlichen Gründen mehr in die Höhe entwickelt ist, um einen Leitungsausführungsturm zu gewinnen, beansprucht sogar 284 cbm Rauminhalt in zwei Geschossen, deren oberes allerdings

würde. Aus dem Schaltschema 59 ist ohne weiteres bereits die wesentliche Vereinfachung der elektrischen Einrichtungen erkenntlich; der Strom passiert durch Sicherungen (15) und den Strommeßtransformator (8) einen Ölschalter für Handbetätigung (14) und gelangt durch den wie in Fossum eingerichteten Überspannungsschutz in die Fernleitungen. Eine Gleichstromerregung und deren Ausrüstung ist naturgemäß nicht vorhanden, und da die Spannung des Generators hier nicht beeinflußt werden kann, sondern von den beiden anderen Werken aufgezwungen wird, kommen auch alle Vorrichtungen zur Messung und zum Vergleich der Spannungen in Wegfall, damit aber, wie erwähnt, jede Notwendigkeit einer fortlaufenden und geschulten Bedienung. Diese Vereinfachungen drücken sich auch im

Bau der Schaltanlage aus (Fig. 64). Die Schalttafel enthält nichts weiter als den Griff zum Ölschalter und das Amperemeter als Kontrollinstrument für das Funktionieren der Anlage. Die Schaltanlage beansprucht nur rd. 67 cbm Rauminhalt bei nur 10,5 qcm Bodenfläche, das sind pro PS 0,0096 cbm bzw. 0,015 qm gegen eine Beanspruchung von 0,166 cbm bzw. 0,046 qm bei Fossum.

Der Betrieb spielt sich nach dem eingangs Erwähnten folgendermaßen ab: Soll sich die asynchrone Zentrale an der Stromlieferung beteiligen, so hat deren Wärter nur auf Benachrichtigung eines anderen Werkes hin seine Turbine zu öffnen und, sobald sie auf ihre normale Tourenzahl von 380 — statt 375, wie der Perioden zahl des Netzes entspräche — gekommen ist, den Schalter (14) zu schließen. Die synchrone Hauptzentrale hat vorher ihre Tourenzahl gleichfalls auf etwa 380 erhöht, so daß beim Einschalten keine plötzliche Belastungsübernahme und damit Stöße und Spannungsschwankungen

Bei den Vorteilen dieses Systems steht wohl zu erwarten, daß es, wenn erst allgemeiner bekannt, in den nicht seltenen dafür passenden Fällen noch oft zur Ausführung gelangen wird.

c) Regelung durch Batterie, Turbine und Dynamo, regulatorlos.

Um ein im weitesten Maße automatisches Arbeiten der ganzen Anlage zu erzielen und unter Umständen auch das Anlassen und Abstellen von der Bedienung unabhängig zu machen, sind in einzelnen Fällen spezielle Schaltungen zur Anwendung gebracht worden, die dann allerdings einer gewissen Kompliziertheit der Anordnung nicht entbehren können.

Eine derartige sehr geistreiche Lösung, die 1898 für Schloß Landonvillers bei Metz ausgeführt wurde, sei aus dem Lehrgang der Schaltungsschemata von Professor Dr. Teichmüller[31]) mit freundlicher Erlaubnis des Herrn Verfassers hier wiedergegeben.

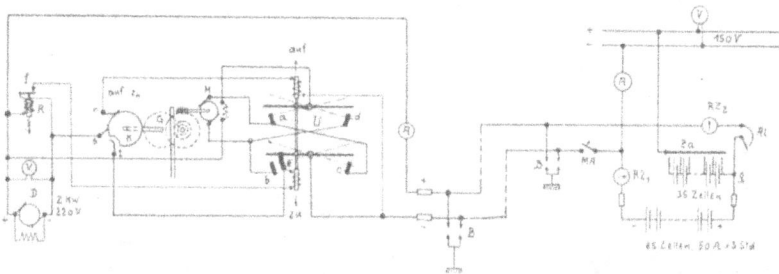

Fig. 65. Automatisch arbeitende Anlage mit elektr. Aufspeicherung in Schloß Landonvillers b. Metz.

D. Nebenschlußgenerator.
G. Einlaßfalle der Turbine.
M. Antriebsmotor hierzu.
U. Umschalter und Endausschalter.
K. Kontaktscheibe.
R. Relais-Schalter.

B. Blitzschutzvorrichtung.
A. Amperemeter.
V. Voltmeter.
MA. Maximalautomat.
Al. Anlasser.
RZ. Stromrichtungszeiger.

Za. automat. Zellenschalter.

entstehen. Sie erniedrigt dann ihre Tourenzahl allmählich auf den normalen Betrag von 375, womit das asynchrone Werk von selbst seine volle Belastung übernimmt und keiner weiteren Wartung bedarf, solange es im Betrieb steht, als zeitweiser Kontrolle der Schmierungen.

Aber nicht allein dieser Vorteil einer billigen untergeordneten Hilfskraft ist vorhanden, es tritt noch eine wesentliche Ersparnis in den Anlagekosten hinzu. Zwar sind zufolge des verhältnismäßig geringen Leistungsfaktors (cos φ = bis zu etwa 0,30, um so kleiner, je mehr die Leistung der asynchronen Maschinen überwiegt) die synchronen Maschinen des Hauptwerkes im Kupfer bedeutend stärker zu halten wie sonst, dafür ist aber der asynchrone Generator der Nebenzentrale bedeutend billiger als ein synchroner, und das gleiche gilt, wie schon ein flüchtiger Vergleich der einschlägigen Fig. 55 und 56 gegenüber 58 zeigt, in noch weit höherem Maße von der Schaltanlage. Im allgemeinen läßt sich schätzen, daß die Ersparnis bei Anlage einer solchen asynchronen Anlage gegenüber einer gewöhnlichen Synchronzentrale allein in der elektrischen Ausrüstung etwa 10 bis 15 % beträgt, noch nicht gerechnet die Einsparung am Bau (wegen des kleinen Schaltraumes) und an der Bedienung. Dazu kommt eine erhöhte Betriebssicherheit durch das Fehlen von schlimmen Folgen bei falschen Manipulationen.

Bei der bereits genannten Anlage des Rheintalischen Kanals arbeiten mit der synchronen »Kommandozentrale« von 750 PS Maschinenleistung sogar zwei asynchrone Unterwerke von je 500 PS zusammen auf ein ausgedehntes Überlandnetz.

Bei dieser Anlage war die Forderung zu erfüllen, eine 1,5 km von der Konsumstelle entfernte Wasserkraft derart auszunutzen, daß einerseits der maximale Lichtbedarf des Schlosses, der gleich dem Dreifachen der von der Erzeugungsanlage übertragenen Energie ist, gedeckt werden kann, anderseits die ganze Bedienung, die In- und Außerbetriebsetzung, auf die einfachste Weise vom Schloß aus zu erfolgen hat. Die Stromversorgung erfolgt demnach aus einer Batterie im Schlosse, die sowohl die Aufspeicherung in Zeiten geringeren Verbrauches, wie die Spannungsregelung und die Beihilfe beim Anlassen und Abstellen der Turbinenanlage zu besorgen hat.

Kennzeichnend für die Anlage (Fig. 65) ist die Verwendung einer regulatorlosen Turbine, welche durch den Motor M unter Vermittlung des Zwischengetriebes G ganz öffnet oder ganz geschlossen wird. Dieser Motor muß bei einfachem Einschalten des Anlassers Al im Schloß durch die Kontaktscheibe K und den Umschalter U automatisch auf den richtigen Drehsinn geschaltet und durch das Relais R nach vollendeter Bewegung wieder stillgesetzt werden.

In der Fig. 65 ist die Ruhelage aller Teile (Stillstand der Erzeugeranlage, Entladung der Batterie) angenommen. Zum Inbetriebsetzen des Generators — Ladung der Batterie — wird der Anlasser Al langsam eingeschaltet. Der Batteriestrom geht dann von g aus durch die Fernleitung, durch den stillstehenden Generatoranker (der ihm keine Gegenspannung bietet) zur Schleiffeder s, über die Kontaktscheibe K nach Schleiffeder r

31) I. Band 1909, R. Oldenbourg.

und durch Magnetspule A wieder über die Fernleitung zur Batterie. Schleiffeder t steht gerade in einer Lücke der Kontaktscheibe K, ist also stromlos. Die Magnetspule A legt den Umschalter U nach rechts um, der Motor M läuft und öffnet die Turbine. Feder t kommt nun ebenfalls auf die Kontaktscheibe, aber beim Einschalten hat der Umschalter U bereits bei e diese Leitung unterbrochen. Der Generator läuft nunmehr an und erregt sich. Sobald seine Spannung ungefähr der Betriebsspannung E gleich wird, ist der durch seinen Anker über A fließende Strom so geschwächt worden, daß Spule A den Umschalter nicht mehr halten kann;

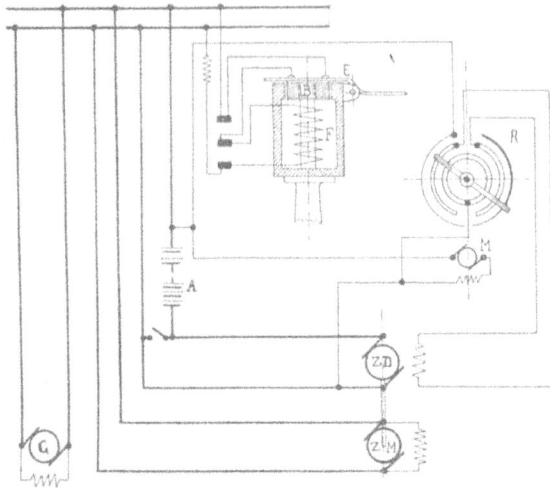

Fig. 66. Schaltung zur Regelung und Aufspeicherung durch Batterie nach Thury (H. Cuénod A.-G.).

B. bewegliche Spule } der magnet.
F. feste Spule } Wage.
A. Akkumulatoren-Batterie.
G. Nebenschlußgenerator.
ZD. Zusatzdynamo, gekuppelt mit

ZM. Nebenschlußmaschine, als Motor oder Generator laufend.
M. Motor für das Schaltwerk zu
R. Stufenschalter des Thuryreglers mit Stromwendung

er kehrt in seine horizontale Lage zurück, schaltet damit den Anker des Anlaßmotors bei c—d aus und schließt bei e den Generator über s—t direkt an die Fernleitung. Die Kontaktscheibe K hat sich so weit gedreht, daß jetzt bei ganz offener Turbine Feder r in die Aussparung gerät, die Anlaßspule A somit völlig ausgeschaltet ist. Am Stromrichtungszeiger RZ_1 erkennt der Wärter, daß die Maschine nunmehr ordnungsgemäß Strom in die Batterie gibt.

Mit zunehmender Ladung der Batterie sinkt, infolge Zunahme der Gegenspannung, die Stromstärke des Generators und damit proportional sein widerstehendes Drehmoment, die Turbine läuft rascher und steigert damit die Spannung, so daß sich die Ladung ohne weiteres Zutun in richtiger Weise vollzieht.

Nach erfolgter Ladung wird zum Abstellen nur der Anlaßwiderstand Al geöffnet. Die Spannung der entlasteten Dynamo steigt beträchtlich, das Relais R überwindet die Federspannung und schaltet bei f die Magnetspule Z des Umschalters U ein, die Umschalthebel werden nach links umgelegt und Motor M läuft, da sein Ankerstrom jetzt kommutiert ist, in der anderen Richtung an und schließt das Reguliergetriebe. Die Kontaktscheibe K dreht sich dabei wieder zurück, bis Schleifbürste t in den Einschnitt der Scheibe kommt, wodurch der Stromweg der Dynamo hier unterbrochen, Motor M ausgeschaltet wird, der Umschalter U, von Spule Z nicht mehr gehalten, in seine Mittellage zurückkehrt und die Anlage zum neuen Anlassen bereit steht.

Die Konstanthaltung der Sammelschienenspannung erfolgt durch den automatischen Zellenschalter Za.

Die Anordnung stellt eine gewiß vollkommen ihren Zweck erfüllende Lösung der gestellten schwierigen Aufgabe mit verhältnismäßig wenig Komplikationen dar, sie ist von Professor Klingenberg angegeben.

Eine andere interessante Einzelheit bietet die Übertragung Neudorf—Burghammer des S. S. W.[32]), bei welcher die Turbine der Generatoranlage automatisch von der entfernten Konsumstelle her reguliert wird, so daß in letzterer konstante Spannung herrscht. Ein Kontaktvoltmeter als Steuerorgan im Konsumgebiet betätigt durch eine Hilfsfernleitung den Servomotor, nämlich zwei kleine Elektromotoren, deren einer die

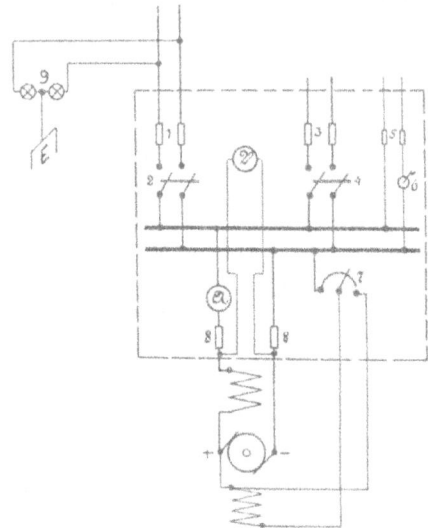

Fig. 67. Schaltung einer Compounddynamo.

1. Sicherung für Lichtverteilung.
2. Schalter für Lichtverteilung.
3. Sicherung für Kraftverteilung.
4. Schalter für Kraftverteilung.
5. u. 6. Sicherung und Schalter für Maschinenraumbeleuchtung.

7. Regulierwiderstand.
8. Maschinensicherungen.
V. Voltmeter.
A. Amperemeter.
9. Erdungsvorrichtung u. Isolationsprüfer (s. später).

Turbine öffnet, der andere schließt. Da sich hier eine Rückführung wegen der räumlichen Trennung von Steuerung und Hilfsmotoren von selbst ausschließt, wurde schon dortmals zu dem Ausweg gegriffen, der bei dem Motorregler von Voigt und Häffner (Fig. 46) gezeigt war. Das Steuerrelais schaltet außer den Hilfsmotoren noch zwei Belastungswiderstände in genau der gleichen Weise, wie dort für die beiden Widerstände r_1, r_2 angegeben, um ein Überregulieren zu kompensieren.

Durch Anwendung eines automatischen Reglers eines der beschriebenen Systeme mit Compoundwicklung oder Prüfdrähten bis zur Verbrauchsstelle ließen sich heute diese Schwierigkeiten auf einfachste Weise beheben.

---

[32]) Ebenfalls in Dr. Teichmüller, Lehrgang der Schaltungsschemata, genau dargestellt.

In ähnlichen Fällen, wie in dem bei Anlage Landonvillers genannten, wo eine Batterie zur Aufspeicherung an sich nötig ist, kann mit Vorteil auch eine Schaltung mit Zusatzdynamo und speziellem Thury-Regler nach der von Thury angegebenen Art (als »Survolteur-Devolteur«) zur Verwendung gelangen, die bei gleichfalls regulatorloser Turbine konstante Netzspannung sowie automatisches Laden und Entladen der Batterie bewirkt und nur Anlassen und Abstellen der Anlage von Hand erfordert. Nach dem Schaltschema Fig. 66 arbeitet der normale Nebenschlußdynamo G direkt auf das Netz, an das auch die Batterie A in Reihenschaltung mit dem Anker der Zusatzmaschine ZD geschaltet ist. Das Magnetfeld dieser Zusatzmaschine wird von einem Thuryregler derart beeinflußt, daß diese Zusatzmaschine in der einen wie in der anderen Richtung erregt werden kann, also entweder ihre Spannung zur Batteriespannung addiert oder davon subtrahiert. Die Zusatzmaschine ist mit einer normalen Nebenschlußmaschine ZM gekuppelt, die direkt an das Netz geschlossen ist.

Die Wirkungsweise wird aus einigen Betriebsfällen klar. Es sei z. B. untertags der Stromkonsum klein, dann möchte die regulatorlose Turbine mit erhöhter Drehzahl laufen; dadurch will sich die Spannung des Generators G erhöhen. Der Regler stellt nun die Erregung der Zusatzmaschine ZD so ein, daß sie eine Spannung erzeugt, die sich zur Netzspannung addiert, so daß deren Summe über die Batteriespannung überwiegt und die Batterie ladet. Die Maschine MZ muß hierbei zum Antrieb der Zusatzmaschine ZD so viel Strom aus dem Netz entnehmen, daß der Generator G gerade voll belastet ist, also die Turbine mit normaler Drehzahl laufen muß. Wollte sie schneller laufen, so würde der Regler diese Spannungserhöhung sogleich mit einer stärkeren Heranziehung des Zusatzmaschinensatzes ZD—ZD und damit mit einer Belastungsvermehrung beantworten, bis die Turbine wieder für ihre normale Drehzahl belastet wäre. Die Schaltung sorgt also auch bei variabler Zuflußmenge stets für vollständige Ausnutzung des Aufschlagwassers zur Aufspeicherung in der Batterie.

Die Netzbelastung steige nun; der Regler muß die Zusatzmaschine weniger erregen, so daß die Ladearbeit des Aggregates ZD—ZM geringer wird, also mehr Strom für das Netz verfügbar ist. Wenn die Netzbelastung gleich der Turbinenleistung geworden ist, hat der Regler die Zusatzmaschine so schwach erregt, daß ihre Spannung + der Netzspannung gerade gleich der Batteriespannung ist, es kann kein Strom fließen, die Ladung hat aufgehört und das Aggregat läuft leer mit. Steigt die Netzbelastung über die verfügbare Turbinenleistung, so nimmt die Zusatzmaschine ZD zufolge ihrer jetzt verringerten Erregung die Differenz zwischen der Batterie- und der Netzspannung auf, läuft als Motor und treibt die Maschine ZM an, die nunmehr den fehlenden Strom als Generator in das Netz abgibt. Die Batterie entladet sich allmählich; wenn ihre Gesamtspannung auf den Wert der Netzspannung gesunken ist, hat der Regler die Erregung der Zusatzmaschine ZD unterbrochen, so daß das Aggregat nur leer mitläuft; und wenn die Batteriespannung mit zunehmender Entladung noch weiter sinkt, so erregt der Regler die Zusatzmaschine im anderen Sinne, so daß sie, wieder von ZM als Motor angetrieben, den fehlenden Betrag der Spannung hinzufügt. Genau wie in den letzten Fällen wirkt die Kombination von Zusatzmaschine und Batterie auch, wenn der Generator G sich einmal nicht an der Stromlieferung beteiligt.

Die kurze Erklärung der tatsächlich recht verwickelten Vorgänge bei den verschiedenen möglichen Betriebsverhältnissen wird erkennen lassen, wie die geschilderte Schaltung ein völlig automatisches Arbeiten der ganzen Aufspeicherungsanlage bei stets bester Ausnutzung des vorhandenen Zuflusses ermöglicht; gefordert ist nur, daß das Fassungsvermögen der Batterie (die Kapazität) hinreichend groß ist, um den Leistungsüberschuß während einer längeren Periode aufnehmen zu können, ohne ein Stillsetzen des Generators zur Vermeidung einer sehr schädlichen Überladung der Batterie zu erfordern. Nach den Angaben der Hersteller soll die Batterieleistung mindestens gleich der Generatorleistung, besser aber größer sein.

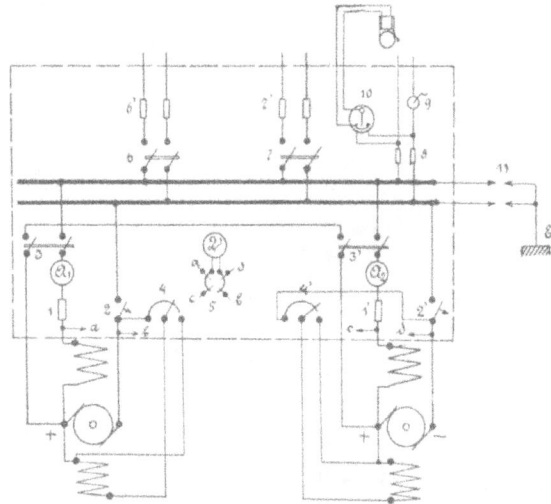

Fig. 68.   Schaltung zweier Compounddynamos.

1, 1' Maschinensicherungen.
2, 2'. Maximal- und Rückstromautomaten.
3, 3'. Maschinenschalter.
4, 4'. Regulierwiderstände.
5. Voltmeterumschalter.
V. gemeinsames Voltmeter.
6, 6'. Schalter und Sicherung für Lichtverteilung.
7, 7'. Schalter und Sicherung für Kraftverteilung.
8, 9. Schalter und Sicherung für Maschinenraumbeleuchtung.
10. Spannungsrelais mit Wecker.
11. Blitzschutzvorrichtg. (Funkenstrecke mit magnet. Löschung).
A. Amperemeter.
E. Erde (Turbinenrohrleitung).

In derartigen Fällen, wo eine Aufspeicherung nötig ist, werden die Bedenken gegen die Verwendung einer Batterie aus Gründen der Einfachheit des Betriebes wohl meist hinter der Einsparung, die sich hierbei gegenüber Stauwerksbauten ergeben wird, zurücktreten; und wenn in einem solchen Falle ein konstanter Wasserabfluß gefordert ist, bleibt die elektrische Aufspeicherung überhaupt als einziges Auskunftsmittel; an eine hydraulische Akkumulierung mit Pumpe und Hochbehälter bei Niederdruckanlagen ist aus Billigkeitsgründen bei kleineren Anlagen ebenfalls nicht zu denken. Dazu kommt noch, daß in Ausgleichsanlagen, in welchen die maximale Leistung das Doppelte oder mehr der verfügbaren zufließenden Leistung beträgt, der mittlere Wirkungsgrad der Anlage bei Verwendung eines Stauwerkes zufolge der vorwiegend geringen Ausnutzung der für den Höchstverbrauch bemessenen Turbine sehr ungünstig wird[33]) — vielleicht während der längsten Zeit des Tages 0,5 oder noch weniger —, so daß elektrische Aufspeicherung auch nach dieser Richtung hin im Vorteil ist.

Nach dieser Übersicht über die prinzipiellen Möglichkeiten, eine Turbinenzentrale mit einer gewünschten Spannung automatisch arbeiten zu lassen, indem entweder — bisher in der Mehrzahl der Fälle — Turbine und Generator getrennt reguliert werden, oder indem man zur empfehlenswerten Vereinfachung Turbine und

---

[33]) Worauf z. B. Hruschka in dieser Zeitschrift 1910, S. 4, in interessanter Weise aufmerksam macht.

Generator gemeinsam (elektr. Bremsregler) beeinflußt. oder endlich, indem man nur den Generator (als seltenen Fall) regelt oder nur die Turbine, seien noch

Hierzu sind zwei zur Betriebsvereinfachung wesentliche Punkte gleich vorweg zu nennen: Vermeidung einer Batterie bei Gleichstromanlagen, sofern nicht eine

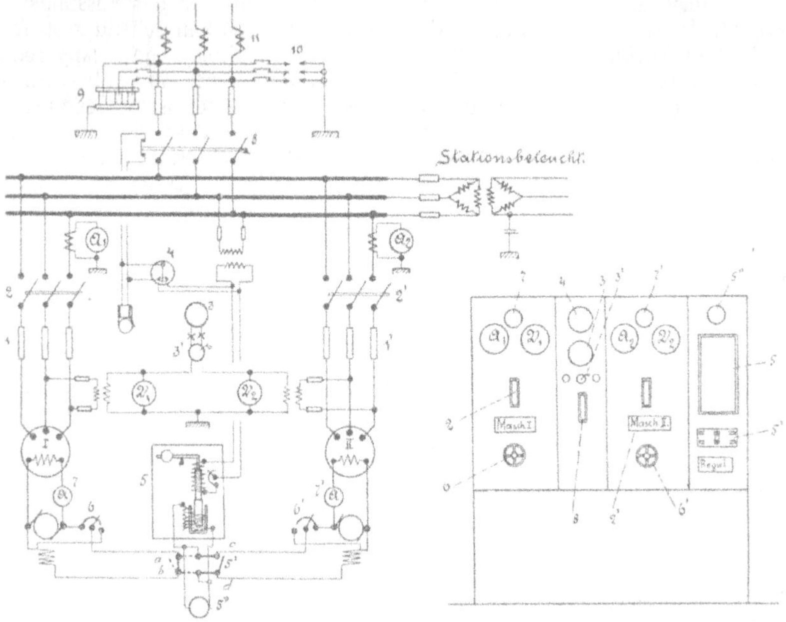

Fig. 69. Schaltung einer Drehstrom-Hochspannungsanlage mit zwei Maschinen.

1, 1'. Maschinensicherungen.	5'. Umschalter für Hand- oder autom. Regulierung.	A. Amperemeter. } für die
2, 2'. Maschinen-Ölschalter.		V. Voltmeter. } Generatoren.
3. Synchronismuszeiger.	5''. Indikator für den selbsttätigen Spannungsregler.	8. Maximal-Ölschalter für die Fernleitung.
3'. Schalter hierzu.		
4. Spannungsrelais mit Wecker.	6, 6'. Regulierwiderstände für Handregulierung.	9. Wasserstrahlerder.
5. Selbsttätiger Spannungsregler. (Bauart Dick.)		10. Hörnerableiter.
	7, 7'. Amperemeter für die Erregung.	11. Drosselspulen.

einige allgemeine Gesichtspunkte der elektrischen Einrichtung kurz gestreift, deren zweckentsprechende und dabei möglichst einfach zu handhabende Ausgestaltung

Aufspeicherung nötig ist, und möglichste Vermeidung des Parallelarbeitens zweier oder mehrerer Maschinensätze.

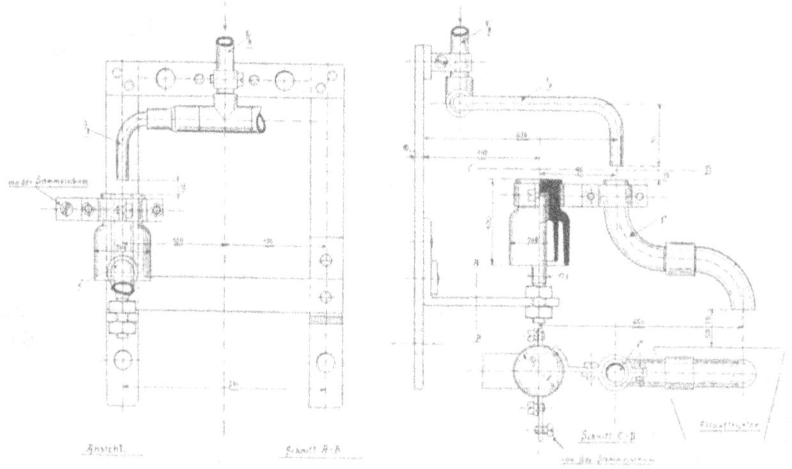

Fig. 70. Einfacher Wasserstrahlerder für Gleichstrom.

bei kleinsten Anlagen nicht minder bedeutend ist wie bei den größten; ja während man vielleicht bei großen Anlagen, die ohnedies geschultes Personal erfordern, mit automatischen Einrichtungen nicht einmal zu weit gehen darf, um dasselbe nicht zur Nachlässigkeit zu verziehen, muß man eben bei Kleinbetrieben womöglich überhaupt nur mit einer billigen untergeordneten Kraft auszukommen suchen.

d) Allgemeine Gesichtspunkte.

Eine B a t t e r i e verteuert einmal die Gestehungskosten des Stromes ganz wesentlich durch Anschaffung, Unterhaltung und Raumbedarf und erfordert anderseits sorgfältige Wartung, selbst unter der Voraussetzung selbsttätiger Regulierung von Ladung und Entladung, wenn sie sich nicht durch ein vorzeitiges Ende rächen soll. Sie kann auch ohne Nachteil entbehrt werden, selbst wenn keine zweite Maschine vorhanden ist, denn eine betriebssicher gebaute Turbinenanlage kann man Tag und Nacht fast ohne Aufsicht weiterlaufen lassen; ein Stillstand zur notwendigen Reinigung an Sonntagen stört kaum jemand. So läuft z. B. die in Fig. 29 bereits gezeigte 30 PS-Anlage (elektrischer Teil von Gebrüder Gmürr, Schänis, Schweiz) ununterbrochen die ganze Woche, da sie auch Kraft zu liefern hat; sie wird nur Sonntags von früh bis Nachmittag abgestellt, ihre gelegentliche Bedienung erfolgt durch den Zimmermann der Anstalt im Nebenamt.

Ein P a r a l l e l a r b e i t e n mehrerer Generatoren erfordert, selbst bei gemeinsamer automatischer Regulierung, doch ziemlich regelmäßige Aufsicht, da die gleichmäßige Belastungsverteilung infolge der nicht völlig gleichen Charakteristik der Maschinen nur mit gelegentlicher Nachhilfe von Hand erhalten bleiben wird. Durch entsprechend vorsichtige Bemessung der Maschinen wird sich ein Parallelarbeiten auch gut vermeiden oder doch auf eine kürzere Zeit beschränken lassen.

Es seien noch einige typische Schaltungen angereiht, die den besonderen Verhältnissen solcher Anlagen angepaßt sind. Fig. 67 für eine Gleichstrom-Compoundmaschine bietet nichts Besonderes, die Stromkreise für Licht und Kraft — wo solche vorhanden — sind zur beliebigen gegenseitigen Sperrung zweckmäßig zu trennen. Bei der Schaltung für zwei Compoundmaschinen (Fig. 68) ist besonders auf einfaches und sicheres Parallelschalten gesehen. Nach Einlegen des Doppelhebels 3, der die Serienwicklung einschaltet, und nach Herstellung der Spannungsgleichheit (Voltmeter V) wird die zweite Maschine mit dem frei auslösenden Maximal- und Rückstromautomaten 2 an das Netz geschlossen. Falsche Manipulationen beantwortet der Automat 2 sogleich mit seinem Ausschalten, so daß jegliche Störungen hierdurch ausgeschlossen sind. Ein Spannungsrelais 10 mit Alarmglocke im Raum des mit der Bedienung Beauftragten meldet jede Störung im hydraulischen und elektrischen Teil der Gesamtanlage sofort.

Den Typus einer einfachen Ausrüstung für eine Drehstrom-Hochspannungsanlage mit zwei Maschinen zeigte Fig. 52, hier war ein Thuryregler für Parallelbetrieb vorgesehen. Der geringe Lichtbedarf der Zentrale mit Dienstwohnung ist hier, wie dies in kleineren Anlagen gelegentlich mit Vorteil geschieht, durch die Erregermaschinen gedeckt, die zu diesem Zweck zur selbsttätigen Regelung compoundiert und eventuell etwas reichlicher bemessen werden; es erspart sich so ein unverhältnismäßig kleiner Transformator. Die Beleuchtung kann mit einem Hebelschalter auf die gerade laufende Maschine umgeschaltet werden und versagt auch im Falle einer Störung im Hochspannungskreis nicht. Genauer ist die Einrichtung auf der Hochspannungsseite aus dem Schema 69 zu entnehmen. Die Erregung erfolgt hier durch einen Solenoidregler der gleichfalls bereits genannten Bauart Dick (5), der auf jede der zwei Maschinen umschaltbar ist. Zur schwankungslosen Umschaltung von »automatisch« auf »Hand« ist nur erforderlich, den Handregler 6 so einzustellen, daß Voltmeter 5″ auf Null zeigt, also der Dickregler sich kurz geschlossen hat, um den Umschalter 5[31] umzulegen; dabei wird von selbst zuvor zwischen a—b eine Verbindung hergestellt und zwischen c—d, wohin jetzt der automatische Regler geschaltet wird, die vorher bestehende Verbindung aufgehoben. Die abgehende Fernleitung ist durch einen Maximalautomaten geschützt; dieser betätigt gleichfalls ein bereits bei Schema 6 angewendetes Relais mit Alarmvorrichtung. Bei allen

Schaltungen, aus welchen Einzelheiten vielfach vorzufinden sind, ist besonders auf Übersichtlichkeit und Mangel an Gelegenheiten zu Bedienungsfehlern gesehen — welch letzteres sehr notwendig ist, wenn man die zur Bedienung verwendeten Personen kennt.

Nicht zu vernachlässigen ist auch der — oft sehr nebensächlich behandelte — Schutz gegen Überspannungen. Bei exponierter Lage der Objekte, wie dies im Gebirge nicht selten ist, treten solche Erscheinungen in Anlagen auf, in welchen man es für fast unmöglich halten sollte, sogar in Anlagen kleinsten Umfanges, die sich auf geschlossene Gebäudekomplexe erstrecken, keine Freileitungen besitzen und deren Installation sich über eine Höhendifferenz von vielleicht nur einem Stockwerk erhebt. Diese Erscheinungen sind vermutlich auch von der Leitfähigkeit des Untergrundes der betreffenden Gebäude abhängig; auf schlecht leitendem Grund (Felsen) stehende Anlagen scheinen darunter mehr zu leiden zu haben.

Ein guter Schutz gegen statische Ladungen, die sich in Form von knallenden Überschlägen äußern, und gegen plötzliche (»oszillatorische«) Ausgleichsvorgänge bei Blitzschlägen in der Umgebung, die sich durch Zerstäubung von Glühlampen, Leitungsdurchschlägen u. dgl. Zerstörungen bemerkbar machen und auch durch ein z. B. bereits beobachtetes Inbrandsetzen der Drahtisolation schwere Gefahr bringen können, ist daher dringend erforderlich. Gegen statische Ladungen hat sich bereits eine primitive Anordnung, wie sie das Schema 67 enthielt, als wirksam gezeigt, deren zwei kleine (fünfkerzige) Glühlampen eine stete gute Erdung bilden; ihr Nullpunkt ist an die Turbine angeschlossen. In der Anlage, die nur einen geschlossenen hochgelegenen Gebäudekomplex versieht, bei Gewittern aber trotzdem oft geradezu unheimlich war, ist seit Einbau der Vorrichtung (zwei Jahre) nur mehr selten ein gewaltsamer Ausgleich zu bemerken, und zwar dann, wenn bei besonders scharfen Wettern die Lampen oder die vorgeschalteten zwei-Ampere-Sicherungen durch eine abgeleitete stärkere Entladung zerstört waren. Die Anordnung stellt auch den einfachsten und recht empfindlichen Erdschlußprüfer[35]) zur dauernden Kontrolle der Leitungen dar: bei guter Isolation glühen beide Lampen gleich hell (je mit halber Netzspannung), bei Erdschluß einer Leitung glüht die Lampe des fehlerhaften Poles geringer, die andere heller. Als Überspannungsschutz vorzuziehen ist in jedem Fall natürlich ein Wasserstrahlerder, der durch Entladung nicht beschädigt werden kann. Einen einfachen Entwurf hierfür zeigt Fig. 70 für Niederspannung, wie er billig an jedem Ort durch einen Handwerker angefertigt werden kann. Auch dauernde Erdung eines Poles (in Zweileiteranlagen) ist in dieser Hinsicht zu empfehlen.

Gegen heftigere oszillatorische Entladungen, wie sie in Freileitungsnetzen zu gewärtigen sind, haben Blitzschutzapparate mit magnetischer Löschung oder (bei Hochspannung) Hörnerableiter, Walzenableiter u. dgl. in den üblichen Ausführungsformen zur Verwendung zu gelangen. Die vorgehenden Schaltungsschemata sind mit derartigen Vorkehrungen in verschiedener Anordnung versehen.

Leider findet man in den meisten kleinen Anlagen den so wichtigen Überspannungsschutz entweder ganz fehlend oder nur sehr mangelhaft, weil ein solcher in den Augen der alles eher als sachkundigen Besitzer meist »viel zu teuer« käme und man lieber bei jedem starken Gewitter eine Unterbrechung des Betriebes in Kauf nimmt oder — was auch vorkommt — gleich im

³⁴) Nach Art eines „Wattmeter-Umschalters“.   ³⁵) Dies war ihr ursprünglich zugedachter Zweck.

vorhinein die Anlage abstellt! Und es ist selten, daß (wie in einem dem Verf. bekannten Fall) ein intelligenter Wärter dann selbst zu einem Ausweg greift und sich einen Wasserstrahlerder aus zwei wassergefüllten Glasröhren, deren untere Metallkappen mit Erde verbunden waren und in die oben zwei Nadeln für die beiden Pole tauchten, mit selbstverständlich bestem Erfolg fertigt. Auf solche, schon mit Rücksicht auf Betriebssicherheit unbedingt nötige Vorkehrungen dürfte in keinem Falle verzichtet werden, und sollten die ausführenden Firmen sich manchmal mehr, als es der Fall zu sein scheint, nach den örtlichen Verhältnissen zur Beurteilung der nötigen Schutzvorkehrungen richten.

Der vorstehende Versuch, die hauptsächlich bei kleinen Wasserkraft-Elektrizitätswerken in Betracht kommenden Gesichtspunkte systematisch zusammenzustellen, ist aus einer eingehenderen Betrachtung der besonderen, dafür maßgebenden Verhältnisse — wobei die turbinen- und elektrotechnische Seite als ein Ganzes galten — entstanden. Die Betrachtung wird zeigen, daß tatsächlich alle Anforderungen hinsichtlich einer einfachen, verhältnismäßig billigen und vollkommenen und in Wartung geradezu beliebig anspruchslosen Gesamtanlage mit den vorhandenen Mitteln zu erfüllen sind. Wenn auch vorzügliche Muster vorliegen, so machen sich doch leider, besonders bei nicht ganz neuen Ausführungen, manchmal ein gewisser Mangel in der Ausnutzung der vorhandenen Möglichkeiten und damit Unvollkommenheiten des Betriebes geltend, die bei zweckentsprechendem Zusammenpassen der hydraulischen und elektrischen Ausrüstung leicht zu vermeiden wären. Gerade bei den überwiegend geforderten kleinen Gleichstromanlagen mit Hochdruckturbinen dürfte eine Schaffung gewisser Normaltypen im Zusammenbau von Turbine und Generator, Vereinfachung der Regelung (Beherrschung des ganzen Maschinensatzes mit nur e i n e r Vorrichtung zur Erhaltung richtiger Spannung) und Normalisierung des elektrischen Zubehörs (Normal-Schaltkasten) eine wesentliche Verbilligung und damit gesteigerte Verbreitung — der Bedarf ist nicht gering — bringen, sofern der hydraulische und elektrische Teil in e i n e r Hand vereinigt würden, wie dies bei den Benzinkleinanlagen z. B. mit Erfolg der Fall ist.

Druck von R. Oldenbourg in München.

* 9 7 8 3 4 8 6 7 3 8 9 0 2 *